seeed studio | 柴火创客
CHAIHUO MAKERS

Arduino 小型化 与 TinyML 应用

从入门到精通

柴火创客空间 著

U0377368

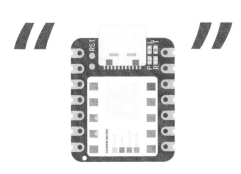

"XIAO" 材大用

人民邮电出版社

北 京

图书在版编目（C I P）数据

Arduino小型化与TinyML应用从入门到精通 / 柴火创
客空间著. -- 北京 : 人民邮电出版社, 2024.5
ISBN 978-7-115-63047-6

Ⅰ. ①A… Ⅱ. ①柴… Ⅲ. ①单片微型计算机②机器
学习 Ⅳ. ①TP368.1②TP181

中国国家版本馆CIP数据核字(2023)第203902号

内 容 提 要

　　本书是一本结合开源硬件和人工智能的实践书籍。全书分为五大单元，涉及硬件及编程基础、原型设计、项目实践，以及当前热门的 TinyML（微型机器学习）应用。书中以 Seeed Studio XIAO 系列产品为核心，从简单的点亮 LED 开始，逐步引导读者探索 Arduino 小型化项目。

　　本书适合对科技有兴趣的读者，尤其是 Arduino 和人工智能爱好者。无论读者是否有 Arduino 编程或电子学基础，均可阅读本书，并逐步进行项目实践。在传授知识的同时，本书更鼓励读者创新与自由探索。在最后的单元中，展示了众多由 Seeed Studio XIAO 系列产品创作的项目，旨在激发读者的创造力与探索精神，希望大家能从中发现科技的乐趣与无限可能性。

◆ 著　　　　　　　柴火创客空间
　　责任编辑　　哈　爽
　　责任印制　　马振武

◆ 人民邮电出版社出版发行　　北京市丰台区成寿寺路 11 号
　　邮编　100164　　电子邮件　315@ptpress.com.cn
　　网址　https://www.ptpress.com.cn
　　固安县铭成印刷有限公司印刷

◆ 开本：700×1000　1/16
　　印张：13.5　　　　　　　　　　2024 年 5 月第 1 版
　　字数：346 千字　　　　　　　2024 年 5 月河北第 1 次印刷

定价：89.80 元

读者服务热线：(010)53913866　印装质量热线：(010)81055316
反盗版热线：(010)81055315
广告经营许可证：京东市监广登字 20170147 号

序一

开源硬件流行了十几年，大量的非专业人士可以通过 Arduino 和树莓派驾驭嵌入式系统，自由地探索数字化的前沿应用，让各种物品和场景充满智能化。

智能化的物品可以组成新的服务，实时广泛的数据可以更精细地提升运营效率。数字经济需要新的生产资料，因此各行各业都开始了数字化的尝试。新一代工程师可以使用物联网轻松地获得实验数据，设计师将开源硬件作为创作工具，快速实现新的交互原型。

然而硬件的复杂性让大量的项目搁浅，成为口述历史中的前浪。只有少数项目攻克了工程、供应链、市场化中的难关存活下来，艰苦地成长。

那么我们能做些什么来改变这种状况呢？除了与创客们相互鼓励之外，我们可以做的是设计更好的开发板，方便原型开发，直接服务产业应用。它应该具有这些优点：

- 极其小巧，能轻松嵌入各种物品；
- 也挺强大，有百兆的主频，微安级超低功耗，嵌入式 AI，且自带传感器；
- 非常廉价，可以直接规模化量产。

因此几年前我们实验性地推出了 XIAO，出乎意料地受到了开发者和业界的关注，并发现我们与用户的想法高度同步。如今 XIAO 已经成了行业的新标准，Arduino、Adafruit、SparkFun 都推出了类似形态的产品，大家相互学习，相互兼容。Fab Academy 也将 XIAO 作为每年全球 Fab Lab 新人的必修课。XIAO 让更多的创客可以更容易地重塑物品。

希望这本书能和 XIAO 一起陪伴你，让科技变得触手可及。

矽递科技 / 柴火创客空间创始人　潘昊

序二

　　传统的开发板设计总是尽可能展示所有可用的芯片资源，甚至流行的迷你型产品也未曾在引脚层面做出取舍。然而我们知道，在产品设计中，做减法往往比做加法更具挑战性。做加法只需在现有的基础上增加新元素或新特性，而做减法则需要更深入地理解产品和用户的需求，以确定哪些元素是可以优化或减少的。

　　XIAO 的出现，源于设计一款称手的开发工具的愿景。2019 年我和 Seeed 产品团队探讨了设计一款迷你的高性能开发板的想法。以往，创客们通常先在熟悉的平台上开发原型以验证可行性，下一步则是要考虑如何将原型应用于真实的环境，甚至需要考虑其制造可行性。从原型到成品的过程通常需要投入巨大的工程量，而如果有一个开发平台可以让原型与成品无限接近，那就太美妙了。

　　初代 XIAO 发售一周后，我们的用户 Nanase 在论坛上发表了一篇比我们的初始文档更加详尽的帖子。逐渐地，基于 XIAO 的项目和分享内容在社区中开始形成潮流，甚至出现了超出预想的艺术、音乐、机器学习场景的应用。国内外的同行业者也纷纷推出了与 XIAO 兼容的设计版本。这正是开源社区的精神所在，开放自由、共同合作、不断创新，让产品走得更远。

XIAO 硬件产品经理　邓信能

序三

本书的创作初衷，源自对开源硬件和人工智能的热爱与探索。我们致力于将复杂的概念以易于理解的方式呈现，让每一个对科技抱有兴趣的读者都能够进入这个充满无限可能的领域。

书中的内容分为 5 个单元，涵盖了从硬件编程入门，到项目实践初级、中级、高级，再到自由探索的完整教程。这 5 个单元包括硬件编程的基本知识、原型设计的基本原理、复杂项目的实践，以及目前非常火热的 TinyML 应用。

在硬件及编程入门的部分，我们会带你熟悉 Seeed Studio XIAO 开发板，从点亮 LED 开始，逐步掌握使用 XIAO 进行硬件开发的基本技巧。

在项目实践部分，我们设计了从简单到复杂，逐步深入的课程，让你能够不断提升自己的技能，而且在学习过程中还能创造出真正有用的产品。无论是智能温 / 湿度仪，还是空气琴，或者是智能手表，都将由你亲手创造，让你从创造过程中体验到编程和硬件开发的乐趣。

在项目实践高级部分，我们将带你走进人工智能的世界，学习 TinyML 的应用。你将学习如何用 XIAO 实现异常检测和运动分类，实现语音关键词识别，这些都是当前人工智能的前沿应用。这部分内容主要由社区的 XIAO 用户 Marcelo Rovai 教授贡献，他用清晰明了的语言和插图，向我们展示了如何用 XIAO 训练模型并部署的完整过程，在此向他表达感谢和敬意。

最后，在自由探索的部分，我们从海量的用 XIAO 制作的各种项目中，筛选出一些有特色的进行展示和介绍，希望能帮助读者朋友们看到 XIAO 的潜力和各种可能性，以此鼓励大家挑战自我，改造项目，甚至设计自己的项目。我们相信，每个人都有无限的创造力，只需要一个正确的引导，就能创造出无与伦比的作品。

我相信，这本书不仅能够让你学习到硬件开发和人工智能的知识，更能激发你的创新精神和探索未知的勇气。希望你在阅读和实践的过程中，能够发现科技带给我们的乐趣和可能性。

祝你学习愉快。

矽递科技技术支持组负责人　冯磊

前言

早期的 Arduino 开发板，例如 8 位 16MHz 的 Arduino Uno，体积很大，在容量和性能方面都受到限制。现在拇指盖大小的 Seeed Studio XIAO 系列产品具有更强悍的性能和小得多的尺寸，为 Arduino 创作提供了更多可能性。

本书的第一至四单元，通过动手实践，基于项目的方法，由浅入深带你逐步了解如何使用 Seeed Studio XIAO 系列产品，从零基础学习 Arduino，从简单地点亮 LED 到构建复杂的 Arduino 小型化项目，以及在中级的复杂项目中学习使用 XIAO ESP32C3 连接 Wi-Fi 和使用 MQTT 进行遥测和命令。XIAO 以拇指盖大小的尺寸和强悍的性能，成为 TinyML（微型机器学习）的绝佳选择，所以在本书的第四单元，我们将学习通过 XIAO nRF52840 Sense 与 Edge Impulse 构建 TinyML 项目。另外，你还将从书中学习如何快速创建可用的电子产品原型的知识。学习本书无须具备 Arduino 编程或电子学知识，你将在学习过程中逐步了解这些必需的知识，并快速在每个项目中进行实践。在第五单元，我们还提供了一些用户使用 XIAO 做的有用与有趣的项目案例，让大家看到用 XIAO 实现创意的更多可能性。

认识 Seeed Studio XIAO 系列

Seeed Studio XIAO 是拇指盖大小的开发板。"XIAO"意为"小"，微小且强大。

所有 XIAO 开发板均搭载 SAMD21、nRF52840、ESP32C3 等功能强大且流行的芯片，应用广泛。

此外，XIAO 结构紧凑，所有 SMD 元器件都被放置在电路板的同一侧，因此设计人员可以轻松地将 XIAO 集成到自己的电路板中，以实现快速量产。

Seeed Studio XIAO 系列微控制器

Seeed Studio XIAO 正在不断推出新的版本，要了解这个系列最新的产品动态，可以访问 Seeed Studio 的官网。

这些 Seeed Studio XIAO 只有拇指盖大小，仅为 21mm×17.5mm，专为空间受限的场景而设计，图 0-1 展示了这个系列已有的 5 款不同功能的 XIAO 系列产品的外观。

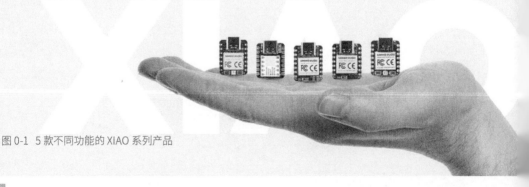

图 0-1　5 款不同功能的 XIAO 系列产品

Seeed Studio XIAO SAMD21

如图 0-2 所示，XIAO SAMD21 是 XIAO 系列的第一个开创性产品，是 Seeed Studio 板家族中个头最小的 Arduino 兼容板。

- MCU（SAMD21）：ARM® Cortex®-M0+ 32 位 48MHz 微控制器（SAMD21G18），带 256KB 闪存，32KB SRAM。
- 灵活的兼容性：与 Arduino IDE 兼容，对面包板（实验电路板）友好。

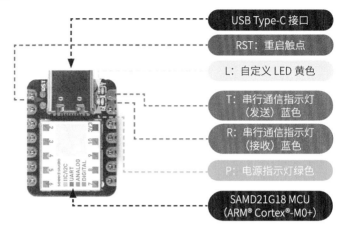

图 0-2 XIAO SAMD21

- 接口丰富：11 个数字 / 模拟引脚，10 个 PWM 引脚，1 个 DAC 输出接口，1 个 SWD 焊盘接口，1 个 I²C 接口，1 个 UART 接口，1 个 SPI 。

Seeed Studio XIAO RP2040

如图 0-3 所示，XIAO RP2040 是一块超小型、高性能的通用开发板。具有板载 2MB 闪存，支持 MicroPython。

- 快速上手：支持 Arduino/MicroPython/CircuitPython。
- 更强大的 MCU（RP2040）：双核 ARM Cortex M0+ Raspberry PI RP2040 芯片，运行频率高达 133 MHz。
- 丰富的片上存储器：264KB SRAM，2MB 板载闪存。
- 接口丰富：11 个数字引脚，4 个模拟引脚，11 个 PWM 引脚，1 个 I²C 接口，1 个 UART 接口，1 个 SPI ，1 个 SWD 焊盘接口。

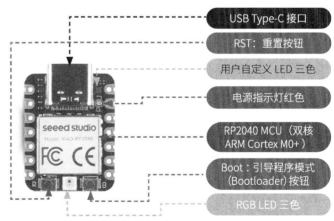

图 0-3 XIAO RP2040

Seeed Studio XIAO nRF52840（XIAO BLE）

如图 0-4 所示，XIAO nRF52840 具有超低功率的 BLE 功能，适用于无线可穿戴设备。

- 各种无线连接选项：蓝牙 5.0、NFC 和带板载天线的 ZigBee 模块。
- 强大的 MCU（Nordic nRF52840）：ARM® Cortex™-M4 32 位处理器，带 FPU，工作频率为 64 MHz。
- 超低功耗：深度睡眠模式下电流低至 5μA。
- 延长使用时间：支持锂电池充电管理。
- 接口丰富：1 个复位按钮、1 个 UART 接口、1 个 I²C 接口、1 个 SPI、1 个 NFC 接口、1 个 SWD 焊盘接口、11 个 GPIO 引脚、6 个 ADC 输出接口、1 个三合一 LED、1 个用户 LED。

Seeed Studio XIAO nRF52840 Sense

如图 0-5 所示，XIAO nRF52840 Sense 具有板载话筒（传声器的通称）和六轴 IMU，适用于 TinyML AI+IoT 项目。

- TinyML AI 项目的理想选择。
- 具有用于实时音频识别的板载话筒。
- 具有用于手势识别的六轴 IMU。
- 传感、处理和通信在一个节点上完成。
- 与 XIAO NRF52840 的功能相同。

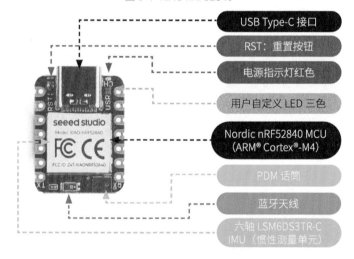

图 0-4 XIAO nRF52840

图 0-5 XIAO nRF52840 Sense

Seeed Studio XIAO ESP32C3

如图 0-6 所示，XIAO ESP32C3 是一款低成本、高性能的 RISC-V 物联网开发板，支持蓝牙和 Wi-Fi 低功耗模式。

- 强大的 MCU（ESP32C3）：RISC-V 32 位，高达 160MHz 的 ESP32-C3 4MB 闪存。
- 双模无线连接：Wi-Fi 和蓝牙。
- 低功耗：Wi-Fi 连接时的电流为 3.6mA，蓝牙连接时的电流为 9.7mA，深度睡眠模式时的电流为 44μA。
- 卓越的射频：带有免费的 U.FL 天线，蓝牙 / Wi-Fi 稳定连接距离超过 100m。

- 延长使用时间: 板载充电芯片设计。

书中使用的硬件

Seeed Studio XIAO 套件

书中用到的套件为 Seeed Studio XIAO Starter Kit, 如图 0-7 所示。这是一款专门用于 Arduino 学习的入门工具包, 包含丰富的传感器、执行器, 能实现 Arduino 编程, 并能实现可穿戴、小型化和 TinyML 原型作品的制作。

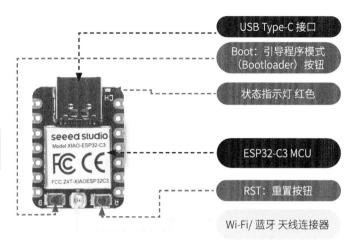

图 0-6 XIAO ESP32C3

- USB Type-C 接口
- Boot: 引导程序模式 (Bootloader) 按钮
- 状态指示灯 红色
- ESP32-C3 MCU
- RST: 重置按钮
- Wi-Fi/ 蓝牙 天线连接器

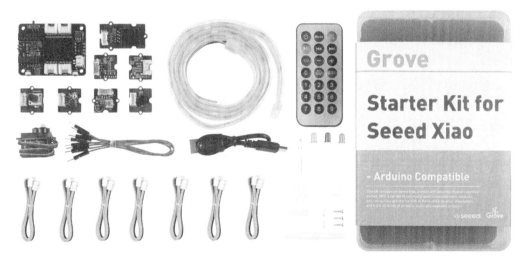

图 0-7 Seeed Studio XIAO Starter Kit

套件内包含的元器件见表 0-1。

表 0-1 套件内的元器件

名称	数量
Seeed Studio XIAO 扩展板	1 块
Grove WS2813 RGB LED 防水灯带	1 条
Grove LED 模块	1 块
Grove 旋钮模块	1 块

⚠️ 注意

套件内并不包含任何 XIAO 开发板, 如要在学习过程中使用此套件, 需要另外购买 XIAO 开发板。

名称	数量
Grove 红外接收器模块	1 块
Grove 光传感器模块	1 块
Grove 迷你 PIR 运动传感器模块	1 块
Grove 三轴加速度计（LIS3DHTR）模块	1 块
Grove 温／湿度传感器模块 V2.0（DHT20）	1 块
Grove 舵机	1 个
USB 线（USB Type - A 转 USB Type - C 口）	1 条
Gorve 电缆	7 条
公对公跳线	4 个
21 键迷你遥控器	1 个
cr2032 扣式电池	1 个

Grove 超声波测距传感器

书中还使用了 Grove 超声波测距传感器，如图 0-8 所示，这个模块不在套件内，需要额外购买。

图 0-8　Grove 超声波测距传感器

本书结构

本书从开源硬件的入门知识开始，分为 5 个单元，具体见表 0-2。

表 0-2　本书结构

单元	标题	学习目标
第一单元 硬件及编程入门 （XIAO 系列均可用）	第 1 课　Seeed Studio XIAO 的第一个 Arduino 程序：Blink	了解 Arduino IDE 和如何用 XIAO 点亮 LED
	第 2 课　用 XIAO 扩展板上的按钮开关 LED	认识 XIAO 扩展板，用编程实现按 XIAO 扩展板按钮控制 LED 的开关
	第 3 课　XIAO 加扩展板变身莫尔斯电码发报机	学习通过 XIAO 来控制扩展板的板载蜂鸣器及通过扩展板的按钮来控制蜂鸣器发声
	第 4 课　用串口监视器查看旋钮的数值变化	在 XIAO 扩展板上外接 Grove 旋钮模块，并学习通过串口监视器查看旋钮的数值变化
	第 5 课　用旋钮控制 LED 和舵机	进一步学习使用旋钮来控制 LED 的亮度变化，以及舵机的转动角度
	第 6 课　让 OLED 显示屏显示 Hello World！	学习控制扩展板的 OLED 显示屏显示文本信息和图案

单元	标题	学习目标
第二单元 项目实践初级—— 原型设计入门 （XIAO 系列均可用）	第 7 课 产品原型设计入门	学习产品原型设计的基本知识，并尝试提出自己的产品方案
	第 8 课 智能温 / 湿度仪	读取温 / 湿度传感器的读数并展示在扩展板的 OLED 显示屏上
	第 9 课 基于光传感器的惊喜礼盒	学习使用光传感器，实现当礼盒被打开时，RGB LED 灯带亮起的效果
	第 10 课 借助三轴加速度计的律动炫舞	了解三轴加速度计，并用此传感器控制 RGB LED 灯带变换灯效
第三单元 项目实践中级—— 复杂项目 （第 11 ~ 13 课 XIAO 系列均可用，第 14、15 课需要用到 XIAO ESP32C3）	第 11 课 智能遥控门	了解和学习使用红外接收器模块，以实现用遥控器控制舵机转动来开关门
	第 12 课 智能手表	了解和学习 XIAO 扩展板上 RTC 时钟的用法，并用它制作一个能显示当前时间和温 / 湿度的智能手表
	第 13 课 超声波空气琴	了解和学习超声波距离传感器的用法，并用它制作一个超声波空气琴
	第 14 课 用 XIAO ESP32C3 实现 Wi-Fi 连接和应用	让 XIAO ESP32C3 通过 Wi-Fi 连接局域网的本机发送 HTTP GET 或 POST 请求
	第 15 课 用 XIAO ESP32C3 通过 MQTT 协议实现遥测与命令	在本课中，我们将逐步介绍通信协议、消息队列遥测传输（MQTT）、遥测（从传感器收集并发送到云端的数据）和命令（由云端向设备发送的指示它做一些事情的消息）
第四单元 项目实践高级—— TinyML 应用 （仅针对 XIAO nRF52840 Sense）	第 16 课 认识 TinyML 与 Edge Impulse	了解 TinyML 的基本概念，以及 Edge Impulse 工具的基本情况
	第 17 课 用 XIAO nRF52840 Sense 实现异常检测和运动分类	使用 XIAO nRF52840 Sense 上的六轴加速度计和 Edge Impulse 进行运动识别，学习机器学习的数据采集、训练、测试、部署到推理的整个过程
	第 18 课 用 XIAO nRF52840 Sense 实现语音关键词识别（KWS）	使用 XIAO nRF52840 Sense 上的话筒和 Edge Impulse 对声音分类，实现语音关键字检测的功能
第五单元 自由探索	第 19 课 有用与有趣的 XIAO 项目集锦	提供了一些用户使用 XIAO 做的项目案例，以帮助读者看到用 XIAO 实现创意的更多可能性

为了方便读者学习，作者整理了书中使用的源程序及支持文件，读者可加入 QQ 群 526027393 获取资源包。

致谢课程开发与编辑团队

本书由柴火创客空间组织编撰
撰写与修订：冯磊、刘海旭、王天睿、黄健菁、时艺萌、姬宇璐
设计：孟依卉
技术支持：杨佳谋、温燕铭、黎孟度、田纯纯
特别鸣谢：本书第 17、18 课有关 TinyML 的教程由马塞洛·罗维先生撰写

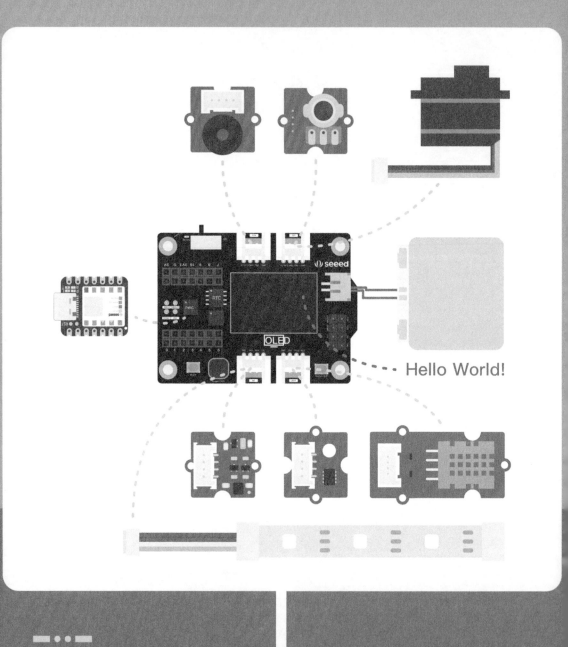

Hello World!

目录

Seeeduino XIAO

目录

Seeeduino XIAO

第一单元
硬件及编程入门

在本单元，我们将走进电子硬件和编程的大门，初步探索如何通过程序控制电子硬件。从示例程序 Blink 开始，学习如何点亮一盏灯，如何通过按钮控制灯的亮灭，如何控制无源蜂鸣器发声等，在一个个任务中掌握常用的编程语句，如数字输入 / 输出、模拟输入 / 输出、tone() 函数、map() 函数等，学习基本的库的使用方式。

本单元的程序比较简单，大家在学习的过程中尽量保证每个任务的程序都亲自动手编写，养成良好的习惯，避免一些错误的符号导致程序上传失败。

第 1 课 Seeed Studio XIAO 的第一个 Arduino 程序：Blink

Arduino 是一款风靡全球的开源电子原型平台，包含各种型号的 Arduino 开发板和 Arduino IDE 软件，因为其开放、便捷、方便上手的特点，成为很多软硬件初学者的首选，用户能够通过它快速完成项目开发，实现自己的创意。Arduino 发展至今，已经问世了多种不同型号的控制器和众多的外围模块，即各种传感器、执行器、扩展板等，这些模块搭配 Arduino 一起使用，可以实现各种有趣又实用的项目。今天我们要学习的 Seeed Studio XIAO 系列产品，就是基于 Arduino 衍生的开发板，它属于 Seeeduino 系列，并且目前是其中体积最小的成员。

Arduino IDE 文本编辑器

我们需要通过 Arduino IDE 文本编辑器对硬件进行编程，可以前往 Arduino 官网的 SOFTWARE 栏目获取适合的 Arduino IDE 软件并安装。简单来说，Arduino IDE（集成开发环境）就是专门为 Arduino 设计的编程软件，通过它我们就可以为 Arduino 硬件编写和上传不同的程序了。当我们打开 Arduino IDE 软件时，软件会自动新建一个名为"sketch"的文件，当然我们可以给它重新命名。

对于 Windows 系统

如图 1-1 所示，Arduino IDE 的界面非常简洁，可以分为以下几个部分。

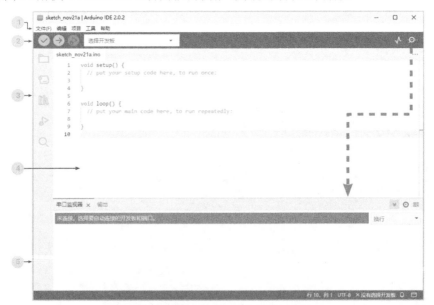

图 1-1 Windows 系统的 Arduino IDE 窗口

① 菜单栏：包含文件、编辑、项目、工具和帮助菜单，用于进行新建、保存、示例程序、选择串口等操作。

② 水平工具栏：包含验证、上传、调试、开发板选择、串口绘图仪和串口监视器选择等常用的功能按钮。

③ 垂直工具栏：包含项目文件夹、开发板管理器、库管理、调试和搜索的快捷入口。

④ 编辑区：就是编写程序的区域，就如我们平时在 Word 窗口输入文字，这里把程序写在该区域。

⑤ 调试窗口（串口监视器、输出窗口）：在水平工具栏右侧可以开启或关闭串口监视器窗口。

对于 macOS 系统

如图 1-2 所示，macOS 系统的 Arduino IDE 窗口除了菜单栏的位置（在顶部）和 Windows 系统的稍有不同，其他工具基本一致。

图 1-2 macOS 系统的 Arduino IDE 窗口

将 Seeed Studio XIAO 添加到 Arduino IDE 中

我们需要将 Seeed Studio XIAO 系列产品添加到 Arduino IDE 中才能开启我们的学习之旅。

- 使用 Windows 系统的用户，首先打开你的 Arduino IDE，在菜单栏单击"文件"→"首选项"，将资源包"参考资源"文件夹中不同开发板对应的 URL 复制到"其他开发板管理器网址"中，如图 1-3 所示。
- 使用 macOS 系统的用户，首先打开你的 Arduino IDE，在菜单栏单击"Arduino IDE"→"首选项"，将资源包"参考资源"文件夹中不同开发板对应的 URL 复制到"其他开发板管理器网址"中，如图 1-3 所示。

图 1-3 Arduino IDE 的设置窗口

如果你经常同时使用多种不同型号的 XIAO，可以单击地址栏右侧的 图标，将上面 3 个地址全部添加到"其他开发板管理器地址"，如图 1-4 所示。

接下来，单击"工具"→"开发板"→"开发板管理器"在搜索栏中输入关键字"seeeduino xiao"，在出现的条目里找到"Seeed SAMD Boards"之后，如图 1-5 所示，单击"安装"即可。

启动安装时，会看到输出弹窗，安装完毕后，会出现"已安装"选项。

图 1-4　在 Arduino IDE 添加其他开发板管理器地址

图 1-5　在 Arduino IDE 开发板管理器搜索"seeeduino xiao"

⚠ 注意

在搜索栏中输入"RP2040"可找到 Seeed XIAO RP2040 的安装包。

输入"XIAO nrf52840"可找到 2 个安装包：Seeed nRF52 Boards（适用于低功耗项目）和 Seeed nRF52 mbed-enabled Boards（适用于功耗较大的 TinyML 项目）。

输入"ESP32"可找到 esp32 by Espressif Systems 的安装包。

将 Seeed Studio XIAO 连接至 Arduino IDE

用 USB 线将 XIAO 连接至计算机，如图 1-6 所示。

图 1-6 用 USB 线将 Seeeduino XIAO 与计算机连接

接下来单击"工具"→"开发板",找到"Seeeduino XIAO"并选择它,如图 1-7 所示。

图 1-7 在"工具"菜单选择开发板为"Seeeduino XIAO"

⚠ 注意

如果你的开发板为 XIAO nRF52840,请选择"Seeed XIAO nrf52840"。

如果你的开发板为 XIAO nRF52840 Sense,请选择"Seeed XIAO nrf52840 Sense"。

如果你的开发板为 XIAO RP2040,请选择"Seeed XIAO RP2040"。

如果你的开发板为 XIAO ESP32C3,请选择"XIAO_ESP32C3",如图 1-8 所示。

查看连接端口是否正确,如果不正确,则需手动选择,Windows 系统串行端口显示为"COM+数字",如图 1-9 所示。

图 1-8 在"工具"菜单选择开发板为"XIAO_ESP32C3"

图 1-9 Windows 系统的 XIAO 连接端口示意图

而在 macOS 或者 Linux 系统中,串口名称一般为"/dev/tty.usbmodem"+"数字"或"/dev/cu.usbmodem"+"数字",如图 1-10 所示。

图 1-10　macOS 系统的 XIAO 连接端口示意

现在，我们可以开始通过软件给 XIAO 进行编程了。

⚠️ 注意

XIAO ESP32C3 在插入装有 Arduino IDE 2 的计算机时，可能不能自动匹配正确的开发板，如图 1-11 所示，显示的开发板不是 XIAO ESP32，这时需要我们手动指定，在端口下拉菜单选择"选择其他开发板和接口……"。

图 1-11　选择其他开发板和接口

在开发板的搜索栏中输入"xiao"，从下面过滤列表中选择" XIAO_ESP32C3"，右侧选择端口后单击"确定"，如图 1-12 所示。

现在可以看到开发板和端口是正确的状态了，如图 1-13 所示。

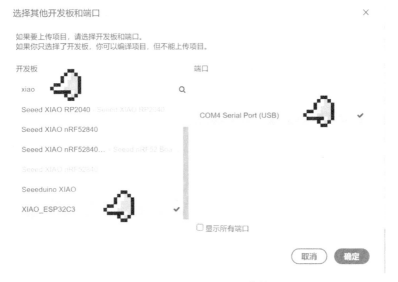

图 1-12 设置 XIAO ESP32C3 的端口

图 1-13 开发板和端口正确的状态

⚠ 注意

重置 Seeed Studio XIAO

有时如果程序上传失败，Seeed Studio XIAO 端口可能会消失不见，我们需要进行重置操作，不同型号的 XIAO 的重置方式有所不同。

XIAO SAMD21 的重置

将 XIAO SAMD21 连接到你的计算机。

在 Arduino IDE 示例程序中打开"Blink"，单击上传按钮。

边上传，边用镊子或短线将图 1-14 中的 RST 引脚短接一次。

橙色 LED 闪烁并点亮就表示完成了重置。

Seeed Studio XIAO RP2040 的重置

将 Seeed Studio XIAO RP2040 连接到你的计算机。

按一次标记有"R"的重置按钮即可，重置按钮的位置如前言中的图 0-3 所示。

图 1-14 XIAO SAMD21 通过短接引脚重置

如果不起作用，请按住标记有"B"的 Boot（引导程序模式）按钮，在按住 Boot 按钮的同时将电路板连接到你的计算机，然后松开它以进入引导加载程序模式。

Seeed Studio XIAO nRF52840 及 Sense 的重置

将 Seeed Studio XIAO nRF52840 或 Sense 连接到你的计算机。

按一次标记有"RST"的重置按钮即可，重置按钮的位置如前言中的图 0-4 所示。

如果不起作用，可以快速单击它两次以进入引导加载程序模式。

Seeed Studio XIAO ESP32C3 的重置

将 Seeed Studio XIAO ESP32C3 连接到你的计算机。

按一次标记有"R"的重置按钮即可，重置按钮的位置如前言中的图 0-6 所示。

如果不起作用，请按住标记有"B"的 Boot（引导程序模式）按钮，在按住 Boot 按钮的同时将电路板连接到你的计算机，然后松开它以进入引导加载程序模式。

Arduino 程序的结构

有了开发板，我们该如何将程序写入其中，从而控制其实现我们想要的功能呢？这时候就要用到 Arduino IDE 文本编辑器了。我们在前言中已经介绍了 Arduino IDE 的界面功能，它是编写和上传程序的重要载体。

如图 1-15 所示，在 Arduino IDE 中新建 Arduino 程序，会包含两个基本函数。

setup()

程序开始时将调用该函数，进行变量、引脚模式等的初始化。**setup()** 在每次 Arduino 开发板加电或复位后只运行一次。

loop()

在 **setup()** 中的程序执行完后，开始执行 **loop()** 函数中的程序，**loop()** 中的程序会不断地重复运行。

图 1-15　在 Arduino IDE 中新建程序会包含两个基本函数：setup() 与 loop()

"/**/"和"//"标志后面的为注释内容，帮助你理解和管理程序，注释内容不会影响程序的正常运行。

我们在写程序的时候，需要用"{}"将一组程序包裹起来。

每行程序写完后用";"作为结束符，告诉 Arduino 编辑器这行程序指令结束了。

数字信号及 I/O 设置

简单来说，数字信号就是以 0、1 二进制形式表示的信号，Arduino 中数字信号用高 / 低电平来表示，高电平为数字信号 **1**，低电平为数字信号 **0**，如图 1-16 所示。Seeed Studio XIAO 上有 11 个数字引脚，我们可以设置这些引脚完成输入或输出数字信号的功能。

在 Arduino 中，可以使用函数来设置引脚的状态和功能。下面是通过函数设置引脚的基本步骤。

（1）首先确定我们要控制引脚的引脚号。

（2）在 Arduino 程序中，使用 **pinMode()** 函数来设置引脚的功能，例如输入或输出。如果要将引脚设置为输出模式，可以使用以下程序。

```
int ledPin = 13; // 要控制的引脚
void setup() {
// 将引脚设置为输出模式
  pinMode(ledPin, OUTPUT);
}
```

（3）一旦你将引脚设置为输出模式，就可以使用 **digitalWrite()** 函数来设置引脚的状态，例如将其设置为高电平或低电平。如果要将引脚设置为高电平，可以使用以下程序。

```
// 将引脚设置为高电平
digitalWrite(ledPin, HIGH);
```

（4）如果你将引脚设置为输入模式，则可以使用 **digitalRead()** 函数来读取引脚的状态，例如检测它是高电平还是低电平。如果要读取引脚的状态并将其保存到变量中，可以使用以下程序。

```
int buttonPin = 2; // 要读取状态的
引脚
int buttonState = 0; // 保存状态的
变量
void setup() {
// 将引脚设置为输入模式
  pinMode(buttonPin, INPUT);
}
void loop() {
  buttonState = digitalRead(but-
tonPin); // 读取引脚的状态
}
```

通过使用 **pinMode()**、**digitalWrite()** 和 **digitalRead()** 等函数，我们可以在 Arduino 中轻松设置和控制引脚的状态和功能。

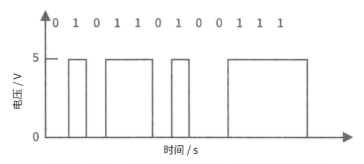

图 1-16 Arduino 中高电平为数字信号 1，低电平为数字信号 0

项目制作

任务 1: 运行让 XIAO 的 LED 闪烁的 Blink 示例程序

正如 Hello World 是学习 C 语言的第一课一样，Blink 是我们开始 Arduino 学习之旅的第一把钥匙。Arduino 提供了很多示例程序来帮助我们快速入门，Blink 也在其中。

我们可以在 Arduino IDE 窗口中选择 "文件"→"示例"→"01.Basics"→"Blink"，如图 1-17 所示，打开要使用的 Blink 示例程序。

打开示例程序后可以看到图 1-18 所示的内容，这个程序实现了 LED 闪烁的效果。我们可以看到程序中有橙色、绿色的颜色提示，这证明你的输入是正确的，要注意大小写的区别。

程序分析

`pinMode(LED_BUILTIN, OUTPUT);`

程序做的第一件事就是在 **setup()** 函数中初始化 **LED_BUILTIN** 为输出引脚，大多数 Arduino 系列的开发板默认板载 LED 的引脚为数字引脚 13，**LED_BUILTIN** 就表示将板载 LED 连接至 13 号引脚。

`digitalWrite(LED_BUILTIN, HIGH);`

在 **loop()** 循环函数中，我们设定 **LED_BUILTIN** 引脚为开启状态，给该引脚输出 5V

图 1-17 打开 Blink 示例程序

```
20    This example code is in the public domain.
21
22
23  */
24
25  // the setup function runs once when you press reset or power the board
26  void setup() {
27    // initialize digital pin LED_BUILTIN as an output.
28    pinMode(LED_BUILTIN, OUTPUT);
29  }
30
31  // the loop function runs over and over again forever
32  void loop() {
33    digitalWrite(LED_BUILTIN, HIGH);   // turn the LED on (HIGH is the voltage level)
34    delay(1000);                       // wait for a second
35    digitalWrite(LED_BUILTIN, LOW);    // turn the LED off by making the voltage LOW
36    delay(1000);                       // wait for a second
37  }
38
```

图 1-18 Blink 示例程序

或 3.3V 电压，可以用 **HIGH** 来表示。但需注意，XIAO 上所有 I/O 引脚允许的最大电压均为 3.3V，请不要输入超过 3.3V 的电压，否则可能会损坏 CPU。

digitalWrite(LED_BUILTIN, LOW);

有开就有关，这个语句就是设定 **LED_BUILTIN** 引脚为关闭状态，给该引脚输出 0V 电压，可以用 **LOW** 来表示。

delay(1000);

这是一个延迟语句，表示 LED 可以在开启或者关闭状态保持 1s，函数中的参数以 ms 为单位，1000ms 就是 1s。在控制 LED 开启和关闭两个语句后面，都需要加上延迟语句，并且等待的时间一样，才能保证 LED 闪烁得很均匀。

上传程序

接下来，我们要学习如何上传程序，用套件中的 USB 线将 XIAO 接入计算机。

从"工具"栏中选择开发板的串行端口，Windows 系统中的串行端口一般是 **COM3**，数字可能更大，选择它即可。

如果出现了几个串行端口，拔下 USB 线，重新打开"工具"栏，消失的那个端口就是 XIAO 的端口。重新连接电路板，然后选择该端口。然后我们就可以在 Arduino IDE 界面的右下角看到当前设置好的控制器型号及对应串行端口了。

而在 macOS 或者 Linux 系统中，串口名称一般为"/dev/tty.usbmodem"+"数字"或"/dev/cu.usbmodem"+"数字"。

接下来，我们就可以上传程序了。在上传前，我们可以单击 ⊘（验证按钮），先验证程序是否正确，显示"编译完成"则表示程序无误。

单击 → （上传按钮），调试窗口会显示"正在编译项目"→"上传"，当显示"上传完成"时，就可以看到程序在 XIAO 上运行的效果了。

⚠ 注意:

当你刚开始写程序的时候，可能会经常忘记区分大小写，导致程序标点符号的规则出错，所以尽量自己去写程序，而不是复制粘贴。示例程序上传成功后，尝试新建一个 sketch 并开始手动输入程序吧。

任务 2: 为没有 LED 的 Seeed XIAO ESP32C3 外接 LED 完成 Blink 示例程序

如果你手头的是 Seeed XIAO ESP32C3，由于它并没有可供用户使用的板载 LED，为了让它执行 Blink 示例程序，我们需要先连接一个 LED 到开发板的 **D10** 引脚，如图 1-19 所示。

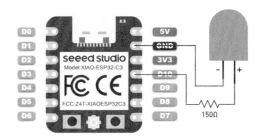

图 1-19 为 XIAO ESP32C3 外接 LED 需要串联一个电阻

⚠ 注意

一定要为 LED 串联一个电阻（约 150Ω）来限制流过 LED 的电流，防止过强的电流烧坏 LED。

接着在 Arduino IDE 中输入以下程序。

```
// 定义 LED 引脚
int led = D10;

void setup() {
    // 将数字引脚 led 初始化为输出
    pinMode(led, OUTPUT);
}

void loop() {
// 打开 LED
    digitalWrite(led, HIGH);
```

```
    delay(1000);                    // 等待 1s
    digitalWrite(led, LOW);         // 关闭 LED
    delay(1000);                    // 等待 1s
}
```

此程序在资源包内的 L1_Blinks_XIAO_ESP32C3 文件夹中。

程序分析

```
int led = D10;
```

Seeed XIAO ESP32C3 没有板载 LED，所以在 Arduino core 中我们也没有帮它预设 LED 对应的引脚，在刚才我们将 LED 连接到 **D10** 引脚，在程序中我们也要进行声明。

```
pinMode(led, OUTPUT);
```

刚才我们将 **led** 定义为 **D10**，而这一步就是为了初始化 **led(D10)** 为输出引脚。

拓展练习

改写 Blink 示例程序：在示例程序中，LED 亮和灭的时长都是 1s，所以看上去闪烁得很均匀，尝试调整等待时间，让 LED 有不同的闪烁效果吧。

```
void setup() {
    pinMode(LED_BUILTIN, OUTPUT);
}
void loop() {
    digitalWrite(LED_BUILTIN, HIGH);
    delay(1000);
    digitalWrite(LED_BUILTIN, LOW);
    delay(500);
}
```

对于 XIAO ESP32C3 来说，我们同样需要对程序的引脚定义部分进行修改。

```
int led = D10;
void setup() {
    pinMode(led, OUTPUT);
}
void loop() {
    digitalWrite(led, HIGH);
    delay(1000);
    digitalWrite(led, LOW);
    delay(500);
}
```

第 2 课　用 XIAO 扩展板上的按钮开关 LED

上节课我们学习了如何通过程序控制 LED 闪烁，只需 Seeed Studio XIAO 和板载 LED 就可以实现，但是整个过程无法形成和外部环境的交互，比如通过光线、声音去控制 LED 的亮灭。这节课我们将加入简单的传感器——按钮，形成传感器—控制器—执行器的自动控制系统。在开始任务前，我们要学习一些基础知识，比如什么是变量？常用的程序结构有哪些？了解这些，我们才能更好地理解和运行程序。

背景知识

上节课我们仅使用了 Seeed Studio XIAO 板载的 LED，并没有连接其他模块，想想要在拇指盖大小的开发板上用杜邦线外接传感器，还要用到面包板，对新手来说可能要花费不少工夫。有没有更简单的方法呢？

Seeed Studio XIAO 扩展板

仅树莓派 4 一半大小的 Seeed Studio XIAO 扩展板功能强大，可以轻松快速地构建原型和项目。其功能接口如图 2-1 所示，板上有 0.96 英寸 *OLED 显示屏、RTC 芯片、蜂鸣器、5V 伺服 / 传感器接头等多种数据接口。你可以用它来探索 Seeed Studio XIAO 的无限可能。它也能支持 CircuitPython。

Seeed Studio XIAO 系列的外形规格统一，Seeed Studio XIAO 系 列（XIAO SAMD21、XIAO RP2040、XIAO nRF52840、XIAO nRF52840 Sense、XIAO ESP32C3） 都 支 持 Seeed Studio XIAO 的

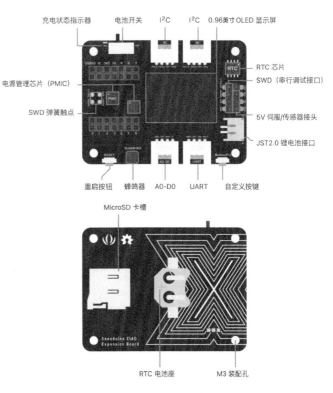

图 2-1　XIAO 扩展板的正面与背面的功能接口示意图

---

* 英寸是一种长度单位，1 英寸等于 2.54cm。

Grove Shield 和 Seeed Studio XIAO 扩展板。扩展板将 XIAO 的引脚全部引出，引脚图如图 2-2 所示。在绝大部分情况下，XIAO 扩展板适用于所有 Seeed Studio XIAO 系列产品。

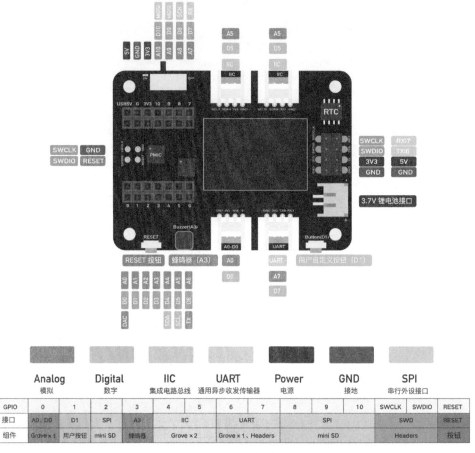

GPIO	0	1	2	3	4	5	6	7	8	9	10	SWCLK	SWDIO	RESET
接口	A0、D0	D1	SPI	A3	IIC		UART		SPI			SWD		RESET
组件	Grove×1	用户按钮	mini SD	蜂鸣器	Grove×2		Grove×1、Headers		mini SD			Headers		按钮

图 2-2 XIAO 扩展板的引脚图

当我们要使用 XIAO 扩展板时，需要将 XIAO 开发板接入扩展板对应的位置，如图 2-3 所示。将 XIAO 主板上的排针接入扩展板上黄框圈出的位置，注意要对齐再往下按压，以免损坏针脚。完成后，我们就可以结合扩展板去做项目了。

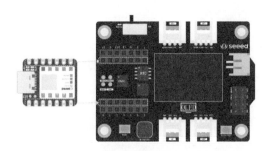

图 2-3 XIAO 与扩展板的插接示意图

⚠ 注意

请先将 Seeed Studio XIAO 插在扩展板上，再接 USB 线上电，否则会损坏 Seeed Studio XIAO 和扩展板。

程序的 3 种基本结构

程序的 3 种基本结构为顺序结构、选择结构和循环结构。

顺序结构

顾名思义，顺序结构的程序按照语句的先后顺序依次执行，是最基本、最简单的程序结构。

如图 2-4 所示，程序会先执行 S1 框中的操作，再执行 S2 框中的操作。

图 2-4 顺序结构流程

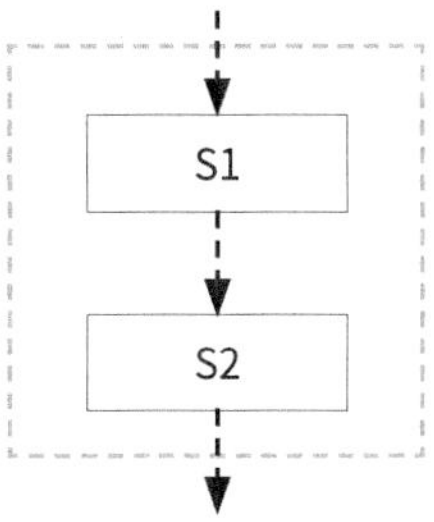

选择结构

在程序中，有时需要根据情况做出判断以决定下一步操作，比如程序对当前环境中的光强做出判断，如果光强大，表示处于明亮的环境，则不需要点亮灯；如果光强小，表示处于昏暗的环境，则需要把灯打开，这个时候就要用到选择结构，如图 2-5 所示，选择结构会判断条件是否成立，“是”则执行 S1，“否”则执行 S2；或者“是”则执行 S1，“否”则退出该选择结构。

图 2-5 两种常见的选择结构流程

if 语句

if 语句是一种常见的选择结构，当给定的表达式为真时，就会运行后面的语句，if 语句有如下 3 种结构形式。

简单分支结构：当满足……则执行……

```
if（表达式）{
  语句；
}
```

双分支结构：当满足……则执行……否则执行……

```
if（表达式）{
  语句 1;
}
else {
  语句 2;
}
```

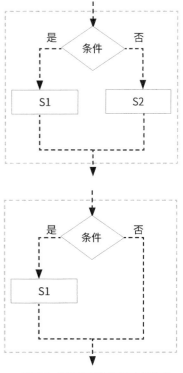

多分支结构：将 if 语句嵌套使用以判断不同的情况。

```
if（表达式 1）{
  语句 1；
}
else if（表达式 2）{
  语句 2；
}
else if（表达式 3）{
  语句 3；
}
```

switch…case…语句

当处理多选择分支的时候，如果用 if…else…的结构编写程序会非常冗长，这个时候用 switch…case…语句来处理就方便得多。这个语句会将 switch 后括号内的表达式与 case 后面的常量进行比较，如果相符则执行表达式所对应的语句，并且通过 break 语句退出结构；如果都不相符，则运行 default 后的语句，如图 2-6 所示。需要注意的是，switch 后面括号内的表达式必须是整型或者字符型。

```
switch（表达式）{
  case 常量表达式 1：
    语句 1；
    break；
  case 常量表达式 2：
    语句 2；
    break；
```

```
  …
  default：
    语句 n；
    break；
}
```

break 语句

break 语句只能用在 switch 多分支选择结构和循环结构中，用来终止当前程序结构，使程序可以跳转到后续的语句运行。

循环结构

循环结构是指在程序中需要反复执行某一部分的操作，根据给出的判断条件，来判断是继续执行某个操作还是退出循环。常用的循环语句有以下 3 种。

while 循环

while 循环是一种"当"型循环，当满足一定条件时，执行循环体中的语句，如图 2-7 所示。

```
while（表达式）{
  语句；
}
```

do…while 循环

是一种"直到"型循环，在执行表达式对应的语句之前，先执行一次循环体中的语句，表达式为真（是）则循环继续，如图 2-8 所示。

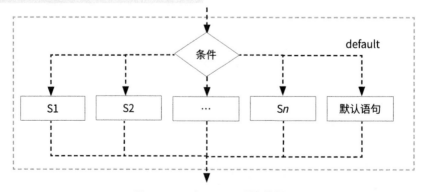

图 2-6 switch…case…语句流程

```
do {
  语句 ;
} while ( 表达式 );
```

for 循环

包含 3 个表达式，表达式 1 为初始化，表达式 2 为判断条件，表达式 3 为增量，如图 2-9 所示。

```
for ( 表达式 1; 表达式 2; 表达式 3) {
  语句 ;
}
```

除了以上循环语句，循环结构中还有一种控制语句，break 语句和 continue 语句，用来提前结束循环或跳出循环。本节课我们了解这些程序结构即可，在后面的学习中，我们会通过项目案例逐步去掌握它们。

项目制作

任务 1: 用 XIAO 扩展板上的按钮控制 XIAO 上 LED 的亮灭

分析

我们想要实现的效果是按下按钮，LED 亮起；松开按钮，LED 熄灭。程序分为 3 步来编写。

- 定义引脚，创建变量。
- 初始化引脚状态。
- 读取按钮状态，实现条件判断，按钮被按下则灯亮，否则灯灭。

编写程序

步骤 1: 定义引脚，创建变量。在 XIAO 扩展板上的板载按钮引脚为 **D1**，所以我们定义其为 1 号引脚，并为按钮状态设定变量。后面程序中的 **LED_BUILTIN** 会将 LED 设置为正确的引脚，所以这里不用我们手动定义。

```
const int buttonPin = 1;  // 定义按钮引脚为 1 号
引脚，在 XIAO 扩展板上的板载按钮引脚为 D1
// 如果你使用 XIAO RP2040，请将 1 修改为 D1
int buttonState = 0;  //buttonState 为存储按钮
状态的变量
```

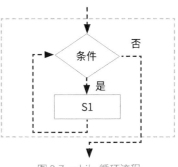

图 2-7 while 循环流程

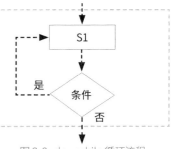

图 2-8 do...while 循环流程

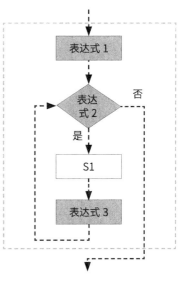

图 2-9 for 循环流程

步骤 2：初始化引脚状态。设置 LED 的引脚为输出状态，按钮的引脚为输入上拉状态，且用 **INPUT_PULLUP** 启用内部上拉电阻，当未按下按钮时，返回 **1** 或 **HIGH**（高电平）；当按下按钮时，返回 **0** 或 **LOW**（低电平）。

```
void setup() {
        pinMode(LED_BUILTIN,
OUTPUT);// 设置 LED 引脚为输出状态
        pinMode(buttonPin, INPUT_
PULLUP);// 设置按钮引脚为输入状态
}
```

步骤 3：读取按钮状态，实现条件判断，按钮被按下则灯亮，否则灯灭。因为 XIAO 板载 LED 的逻辑是负逻辑，所以在按钮被按下，返回 **0** 时，LED 亮；返回 **1** 时，LED 灭。

```
void loop() {
        // 读取按钮状态并存储在变量
buttonState 中
        buttonState =
digitalRead(buttonPin);
        // 判断按钮是否被按下，如果按钮被
按下
    if (buttonState == HIGH) {
        // 打开 LED
        digitalWrite(LED_BUILTIN,
HIGH);
    }
    else {
        // 关闭 LED
```
```
        digitalWrite(LED_BUILTIN,
LOW);
    }
}
```

完整程序如下。

```
/* Button */
// 定义按钮引脚为 1 号引脚，在 XIAO 扩
展板上的板载按钮引脚为 D1
// 如果你使用 XIAO RP2040，请将 1 修改
为 D1
const int buttonPin = 1;
//buttonState 为存储按钮状态的变量
int buttonState = 0;
void setup() {
        pinMode(LED_BUILTIN,
OUTPUT);// 设置 LED 引脚为输出状态
        pinMode(buttonPin, INPUT_
PULLUP);// 设置按钮引脚为输入状态
}
void loop() {
        // 读取按钮状态并存储在变量
buttonState 中
        buttonState =
digitalRead(buttonPin);
        // 判断按钮是否被按下，如果按钮被按下
    if (buttonState == HIGH) {
        // 打开 LED
        digitalWrite(LED_BUILTIN,
HIGH);
    }
    else {
        // 关闭 LED
        digitalWrite(LED_BUILTIN,
LOW);
    }
}
```

此程序在资源包内的 L2_Button_XIAO 文件夹中。

上传程序

我们将编写好的程序上传到硬件中，首先用套件中的 USB 线将 XIAO 连接到计算机，如图 2-10 所示。

图 2-10 将 XIAO 与扩展板插接好后连接计算机

接下来单击 ✅ (验证按钮) 检验程序，如果验证无误，单击 ➡ (上传按钮)，将程序上传到硬件中，当调试窗口显示"上传成功"时，我们可以按下按钮，试试 LED 是否会亮。

⚠️ 注意

扩展板上有两个一模一样的按钮，一个是靠近 USB Type-C 接口的 RESET 按钮，另一个是靠近锂电池接口的用户自定义按钮。测试的时候要按靠近锂电池接口的按钮，如图 2-11 所示。

任务 2：用 XIAO 扩展板上的按钮控制 XIAO ESP32C3 外接的 LED

对于 Seeed XIAO ESP32C3 来说，它并没有可供用户使用的板载 LED，你需要先连接一个 LED 到开发板的 D10 引脚。

⚠️ 注意

一定要为 LED 串联一个电阻 (约 150Ω) 来限制流过 LED 的电流，防止过强的电流烧坏 LED。

接着在 Arduino IDE 中输入以下程序。

```
/*
 * 按钮控制 XIAO ESP32C3 的外接 LED
 */

// 按钮的引脚号
const int buttonPin = 1;
// 用于读取按钮状态的变量
int buttonState = 0;
int led = D10;  // LED 引脚号

void setup() {
    // 初始化 LED 引脚为输出
```

图 2-11 按下 XIAO 扩展板上的按钮测试 XIAO 上面 LED 的状况

```
    pinMode(led, OUTPUT);
    // 初始化按钮引脚为输入
    pinMode(buttonPin, INPUT_PUL-
LUP);
}

void loop() {
    // 读取按钮的状态
    buttonState = digitalRead(but-
tonPin);
    // 检查按钮是否被按下。如果是，则按
钮状态为 HIGH
    if (buttonState == HIGH) {
        // 打开 LED
        digitalWrite(led, HIGH);
    }
    else {
        // 关闭 LED
        digitalWrite(led, LOW);
    }
}
```

此程序在资源包内的 L2_Button_XIAO_ESP32C3 文件夹中。

给 XIAO 外接电池

当我们进行效果展示的时候，除了可以用 USB 线连接计算机供电之外，也可以外接锂电池，这样方便我们移动硬件和做项目，如图 2-12 所示。

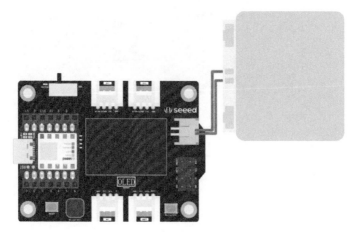

图 2-12 为 XIAO 扩展板外接锂电池

拓展练习

流程图

在编写程序之前，我们可以先画出程序的流程图，帮助我们梳理思路，常用的流程图符号如图 2-13 所示。

这节课我们实现的用按钮控制 LED 的程序流程如图 2-14 所示，大家可以尝试自己画一画。

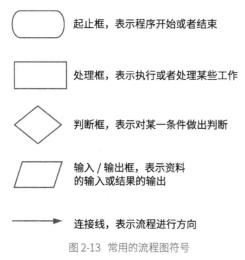

起止框，表示程序开始或者结束

处理框，表示执行或者处理某些工作

判断框，表示对某一条件做出判断

输入 / 输出框，表示资料的输入或结果的输出

连接线，表示流程进行方向

图 2-13 常用的流程图符号

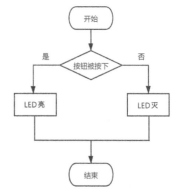

图 2-14 用按钮控制 LED 的程序流程

第 3 课 XIAO 加扩展板变身莫尔斯电码发报机

大家知道"SOS"是国际通用紧急求救信号，通过莫尔斯电码进行传输，今天我们就尝试把 Seeed Studio XIAO 加扩展板变为莫尔斯电码发报机，让扩展板的板载蜂鸣器自动发报。还将学习如何通过按钮来控制蜂鸣器发声，完成手动发报机的任务。

背景知识

蜂鸣器

蜂鸣器是一种一体化结构的电子发声器件，依靠电信号的输入来发出声音，蜂鸣器常被安装在电子产品上，用于发声。蜂鸣器有两种类型，一种是主动式（有源蜂鸣器），另一种是被动式（无源蜂鸣器），如图 3-1 所示。

- **主动式蜂鸣器：** 内部有一个简单的振荡电路，接通直流电源后，蜂鸣器能将恒定的直流电转化成一定频率的脉冲信号，从而带动内部的铝片振动发声。主动式蜂鸣器通常只能发出一些固定音调（频率）的声音，广泛应用于计算机、打印机、复印机、报警器、电话、定时器等电子产品的发声装置中。
- **被动式蜂鸣器：** 此类蜂鸣器的工作原理与扬声器相同，内部没有振荡源，必须接入变化的电流信号才能工作，通常采用不同频率的方波信号来驱动。被动式蜂鸣器产生的声音会根据输入信号的变化而变化，它能够像扬声器一样输出多样化的声音，而不只是发出固定的单一音调（频率）的声音。独立的蜂鸣器模块如图 3-2 所示。

而在 Seeed Studio XIAO 扩展板中，有一个板载无源蜂鸣器连接至 A3 引脚，如图 3-3 所示。我们可以给该引脚输出 PWM 波形的脉冲信号来控制蜂鸣器发声。

主动式蜂鸣器

直流信号输入 蜂鸣器输出

被动式蜂鸣器

方波输入 蜂鸣器输出

图 3-1 两种蜂鸣器

图 3-2 Grove 蜂鸣器模块

tone() 函数和 noTone() 函数

tone() 函数

tone() 函数可以产生固定频率的 PWM 信号来驱动无源蜂鸣器发声，并且可以定义发声的频率和持续时间。

· **语法**

```
tone(pin, frequency);
tone(pin, frequency, duration);
```

· **参数**

pin: 发声引脚（蜂鸣器连接的引脚，在 Seeed Studio XIAO 扩展板中为 A3）。

frequency: 发声音调的频率（单位为 Hz），允许的数据类型为无符号整数型。

duration: 发声的时长（单位为 ms，此参数为可选参数），允许的数据类型为无符号长整型。

noTone() 函数

该函数用来停止 **tone()** 函数控制下的蜂鸣器发声，如果没有声音产生，则函数无效。

· **语法**

```
noTone(pin);
```

· **参数**

pin: 停止发声的引脚。

常用运算符

在前面的学习中，我们已经使用了部分运算符，接下来我们来具体了解一下常用的运算符类型及使用的方法。

算术运算符

=	赋值运算符
+	加法运算符
-	减法运算符
*	乘法运算符
/	除法运算符
%	求余

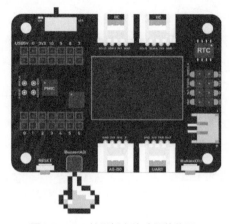

图 3-3　XIAO 扩展板上蜂鸣器的位置

比较运算符

!=	不等于
<	小于
<=	小于或等于
==	等于
>	大于
>=	大于或等于

布尔运算符

&&	逻辑"与"
!	逻辑"非"
||	逻辑"或"

复合运算符

++	自加
+=	复合加
--	自减
-=	复合减

详细说明可以网上搜索"arduino Reference"关键字，阅读 Arduino 的 Language Reference 文档。

莫尔斯电码

莫尔斯电码是通信中使用的一种信息表达方法，以电报的发明者塞缪尔·莫尔斯（Samuel Morse）命名，其肖像如图 3-4 所示。

国际莫尔斯电码对 26 个英文字母 A 到 Z、

图 3-4　电报的发明者塞缪尔·莫尔斯

一些非英文字母、阿拉伯数字，以及少量的标点符号和程序信号进行编码。大写和小写字母之间没有区别。每个莫尔斯电码符号由一系列点（·）和划（—）组成。点的持续时间是莫尔斯电码传输中时间测量的基本单位。划的持续时间是点的持续时间的 3 倍。每个点或划后跟信号缺失的时间，称为空格，与点的持续时间相等。

以紧急求救信号 SOS 为例，莫尔斯电码的表达方式如下。

● ● ● ━━ ━━ ━━ ● ● ●

可见，莫尔斯电码实质上是通过对持续时间进行编码，从而传递信号的。有了这样的编码规则，人们可以用很多方式来呈现持续时间，比如断续发出声音、断续点亮探照灯（如图 3-5 所示）等，最终实现发送信息的目的。

莫尔斯电码使用最多的是在通信还不发达时期，人们通过无线电利用莫尔斯电码进行远距离的信息传递。图 3-6 所示的这台古旧的设备就是早期的发报设备，操作员通过按压右侧的圆形手柄，来控制发报的长短信号。

如果你对莫尔斯电码有兴趣，可以访问 Morse Decoder 官网，这个网站可以将你输入的字母和数字内容翻译为莫尔斯电码，并提供声音文件。

项目制作

任务 1：自动发报 "SOS"

分析

开发板启动时，板载蜂鸣器自动发出代表 "SOS" 的莫尔斯电码的声音信号，程序分为 3 步来编写。

- 定义蜂鸣器引脚。
- 初始化，设置蜂鸣器引脚状态。
- 蜂鸣器循环播放 "SOS" 莫尔斯电码对应的声音信号。

图 3-5 利用探照灯发送莫尔斯电码

图 3-6 早期的发报设备

我们先来看看如何通过程序体现 "SOS" 莫尔斯电码。将莫尔斯电码的音频文件导入音频编辑软件（如图 3-7 所示），可以看到声音的波形和每个音节持续的时间，总体来看分为长音和短音两种。为了方便理解，我们通过二进制的方式去标注蜂鸣器的状态，1 表示蜂鸣器开，0 表示蜂鸣器关，灰色的数字代表当前的状态需要持续多长时间。当一条电码结束后，因为要循环播放，所以需要在两条电码之间留出时间，这里设置为 0.8s 即可。

我们用 `tone()` 函数、`noTone()` 函数和 `delay()` 函数即可使蜂鸣器播报 "SOS"，下面的程序对应的动作就是蜂鸣器发出了一次短音。

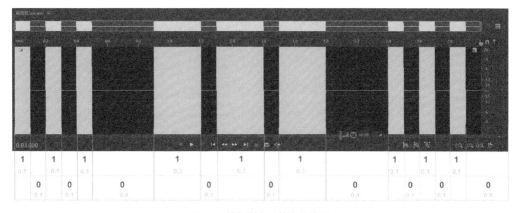

图 3-7 莫尔斯电码的音频波形

```
tone(pinBuzzer, 200);
delay(100);
noTone(pinBuzzer);
delay(100);
```

编写程序

完整程序如下。

```
/* SOS */
// 定义蜂鸣器为 3 号引脚，如果你使用
XIAO RP2040/XIAO ESP32C3，请将 3 修
改为 A3！
int pinBuzzer = 3;
void setup() {
    // 设置蜂鸣器的引脚为输出状态
    pinMode(pinBuzzer, OUTPUT);
}
void loop() {
    // 发 3 次短音
    tone(pinBuzzer, 200);
    delay(100);
    noTone(pinBuzzer);
    delay(100);
    tone(pinBuzzer, 200);
    delay(100);
    noTone(pinBuzzer);
    delay(100);
    tone(pinBuzzer, 200);
    delay(100);
    noTone(pinBuzzer);
```

```
    delay(400);
    // 发 3 次长音
    tone(pinBuzzer, 200);
    delay(300);
    noTone(pinBuzzer);
    delay(300);
    tone(pinBuzzer, 200);
    delay(300);
    noTone(pinBuzzer);
    delay(300);
    tone(pinBuzzer, 200);
    delay(300);
    noTone(pinBuzzer);
    delay(400);
    // 发 3 次短音
    tone(pinBuzzer, 200);
    delay(100);
    noTone(pinBuzzer);
    delay(100);
    tone(pinBuzzer, 200);
    delay(100);
    noTone(pinBuzzer);
    delay(100);
    tone(pinBuzzer, 200);
    delay(100);
    noTone(pinBuzzer);
    delay(800);
}
```

此程序在资源包内的 L3_SOS_XIAO_cn
文件夹中。

上传程序

我们将编写好的程序上传到硬件中，首先用套件中的 USB 线将 XIAO 连接到计算机。

接下来在 Arduino IDE 中单击 ✅（验证按钮）检验程序，如果验证无误，单击 ➡（上传按钮），将程序上传到硬件中，当调试窗口显示"上传成功"即可，听听蜂鸣器发出声音的节奏，是不是和你所期望的一样？

任务 2：用按钮控制蜂鸣器

用按钮控制蜂鸣器发声，可以实现手动播报莫尔斯电码，程序的逻辑很简单，即用 if 语句判断按钮是否被按下，如果被按下，则蜂鸣器发声。

分析

程序同样分 3 个步骤编写。

- 定义蜂鸣器、按钮引脚。
- 初始化，设置蜂鸣器、按钮引脚状态。
- 判断按钮是否被按下，如果被按下则蜂鸣器发声。

编写程序

完整程序如下。

```
/*
*Button-SOS
*/
// 按钮引脚为 1 号引脚，如果你使用 XIAO
RP2040/XIAO ESP32，请将 1 修改为 D1！
const int buttonPin = 1;
// 蜂鸣器引脚为 3 号引脚，如果你使用
XIAO RP2040/XIAO ESP32，请将 3 修改
为 A3！
int pinBuzzer = 3;
void setup() {
  // 设置蜂鸣器引脚为输出状态
  pinMode(pinBuzzer, OUTPUT);
```

```
  // 设置按钮引脚为输入状态
  pinMode(buttonPin, INPUT_
PULLUP);
}

void loop() {
  // buttonState 为按钮变量，读取按钮
状态并存储在变量中
  int buttonState =
digitalRead(buttonPin);

  // 判断按钮是否被按下，如果按钮被按
下
  if (buttonState == LOW) {
  // 蜂鸣器发声，频率为 200Hz，持续时
间为 200ms
  tone(pinBuzzer, 200, 200);
  }
}
```

此程序在资源包内的 L3_ButtonSOS_XIAO 文件夹中。

上传程序

我们将编写好的程序上传到硬件中，首先用套件中的 USB 线将 XIAO 连接到计算机。

接下来在 Arduino IDE 中单击 ✅（验证按钮）检验程序，如果验证无误，单击 ➡（上传按钮），将程序上传到硬件中，当调试窗口显示"上传成功"即可，可以按下 XIAO 扩展板上的按钮，试试蜂鸣器是否会响。

拓展练习

无源蜂鸣器可以发出不同音调的声音，形成简单的旋律，通过搜索引擎研究如何让 Arduino 播放音符。可以拓展练习，体验用蜂鸣器播放《生日快乐歌》的效果。

相关的参考程序在资源包内的 L3_HappyBirthday 文件夹中。

第 4 课 用串口监视器查看旋钮的数值变化

当我们编写了几行程序去控制开发板点亮 LED ，或者用按钮去控制蜂鸣器的时候，我们可以直观看到这些外部硬件的工作状态。如果达到我们的预期效果就很幸运了，但是如果没有呢？明明程序编译无误，是哪里出错了呢？要是它们能开口说话就好了。今天这节课，我们就要学习如何与计算机对话，学习如何通过串口监视器，查看程序和硬件运行的状态和信息。

背景知识

旋转电位计（旋钮）

旋转电位计，听上去似乎并不常见，然而无论是在家电还是在工业设备中，它都有着非常广泛的作用，例如图 4-1 所示的音响上调节音量的旋钮。

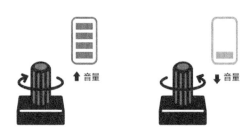

图 4-1 调节音量的旋钮

图 4-2 所示的 Grove 旋钮可以在其连接的引脚上产生 0 到 VCC（接入电路的电压）的模拟输出值，通过旋转旋钮，可以改变输出的电压值，Grove 旋钮的角度范围为 0°～ 300°，输出的值范围为 0 ～ 1023，我们可以用它控制 LED 呈现亮度变化，也可以控制舵机转动不同的角度等。

模拟 I/O

在 Arduino 系列开发板中，引脚编号前有 "A" 的引脚就是模拟输入引脚，我们可以读取和控制这些引脚上的模拟值，来实现我们想要的效果。

图 4-2 Grove 旋钮

模拟信号

生活中，模拟信号随处可见，如声音、光线、温度等，信号的频率、幅度等可随时间的变化而连续变化，如图 4-3 所示。

那我们如何通过开发板来读取引脚的模拟

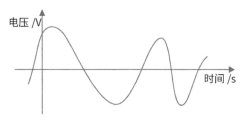

图 4-3 电压随时间的变化而连续变化

值呢？模拟输入引脚带有模数转换器，它可以将外部输入的模拟信号转换为开发板可以识别的数字信号，从而实现读入模拟值的功能，即可以将 0 ~ 5V 的电压信号转换为 0 ~ 1023 的整数值。

analogRead() 函数

从指定的模拟输入引脚读取值。

- **语法**

`analogRead(pin);`

- **参数**

`pin`：要读取的模拟输入引脚名称。

analogWrite() 函数

与模拟输入对应的是模拟输出，我们用 `analogWrite()` 函数来实现这一功能。需要注意的是，该函数使用 PWM（脉冲宽度调制）的方法来输出不同的电压达到近似模拟值的效果，所以我们是让指定引脚输出 PWM 脉冲，而不是真正意义上的模拟值。

- **语法**

`analogWrite(pin, value);`

- **参数**

`pin`：要输出 PWM 的引脚，允许的数据类型为 int。

`value`：占用比，在 0（常闭）~ 255（常开）范围内，允许的数据类型为 int。

知识窗

PWM（脉冲宽度调制）

脉冲宽度调制（Pulse Width Modulation，PWM）是一种通过数字输出获得模拟结果的方式，简单来说，就是通过调整 PWM 的周期、PWM 的占空比达到控制充电电流的目的。如图 4-4 所示，电压在 0V（低电平）和 5V（高电平）之间来回通断，一次通断为 1 个周期，在这个周期中，如果高电压的时间为 25%，低电压的时间为 75%，则占空比为 25%，输出的电压为 5V×25%=1.25V。

以 LED 为例，如果 LED 此时接在该引脚上，它将会发出 1.25V 电压所呈现的亮度，也等同于 `analogWrite(64)` 所呈现的亮度。通过该

方式，我们可以改变 LED 的亮度。图 4-4 分别展示了 0% 占空比、25% 占空比、50% 占空比、75% 占空比、100% 占空比的 PWM 输出信号。

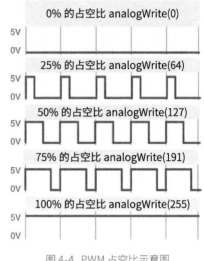

图 4-4 PWM 占空比示意图

串口通信

如果我们想使用 XIAO 和其他设备进行通信，最常用的方式就是串口通信了，Arduino 系列的开发板都具有串口通信功能。我们知道计算机认识的语言是二进制数据，所以在电子设备之间，串口通过发送和接收二进制数据来达到通信的功能就是串口通信，而实现这一功能的关键部件就是 USART（全双工通用同步 / 异步串行收发模块）。在 Aruduino IDE 中，我们可以通过串口监视器来观察发送和接收的数据，同时需要相关的串口通信函数来实现这一功能，如图 4-5 所示。

图 4-5 串口通信示意图

Serial.begin()

用来开启串行端口，设置数据传输速率。

· **语法**

Serial.begin(speed);

· **参数**

Serial: 串行端口对象。

speed: 波特率，一般取值为 9600、115200 等。

Serial.println();

· **语法**

Serial.println(val);

· **参数**

Serial: 串行端口对象。

val: 要打印的值，可以是任意数据类型。

示例: 在串口监视器输出hello world!!!

我们要在 **setup()** 函数中初始化串行端口，在 **loop()** 函数中串口输出 **hello world!!!**。

```
void setup() {
    // 初始化串口，设置串口数据传输的波
特率为 9600
    Serial.begin(9600);
}
void loop() {
 // 串口输出 "hello world!!!"
    Serial.println("hello
world!!!");
}
```

回到本节课开始时的问题，当我们写好程序，并且经验证是正确的，但是程序运行的效果超出预期或者硬件毫无反应，那是哪里出错了呢？这个时候，我们可以使用串口监视器来观察硬件发出或者接收到的数据并进行判断，比如用按钮控制 LED 亮灭时，我们可以通过串口监视器查看按下按钮时返回的数值是多少，

来判断按钮是否正常工作。接下来，我们将学习如何使用串口监视器让硬件"开口说话"。

任务 1: 使用串口监视器查看按钮是否被按下

分析

还记得用按钮控制 LED 亮灭吗？其中的部分程序是可以复用的，我们只需要定义按钮引脚和读取按钮状态的程序，再加入初始化串行端口和将数据发送至串行端口的程序即可。程序的编写还是分为 3 步。

· 定义按钮引脚，定义变量。
· 初始化串行端口，设置串口波特率，设置按钮引脚状态。
· 读取按钮状态，并发送至串行端口。

编写程序

完整程序如下。

```
/* 检查按钮是否被按下 */
// 定义按钮引脚为 1 号引脚 , 如果使用
XIAO RP2040/XIAO ESP32,请将 1 修改
为 D1
const int buttonPin = 1;
// 定义 buttonState 为存储按钮状态的
变量
int buttonState = 0;
void setup() {
  // 设置 LED 的引脚为输出状态
  pinMode(buttonPin, INPUT_PULLUP);
  // 初始化串行端口
  Serial.println(9600);
}

void loop() {
  // 读取按钮状态并存储在变量 button-
State 中
  buttonState = digitalRead(but-
tonPin);
```

```
// 将按钮状态数据发送至串行端口
  Serial.println(buttonState);
delay(500);
}
```

此程序在资源包内的 **[L4_ReadButton_ XIAO]** 文件夹中。

上传程序

我们将编写好的程序上传到硬件中，首先用套件中的 USB 线将 XIAO 连接到计算机。

接下来在 Arduino IDE 中单击 ✓ （验证按钮）检验程序，如果验证无误，单击 → （上传按钮），将程序上传到硬件中，当调试窗口显示"上传成功"即可。打开串口监视器，观察按下按钮和松开按钮时，串口监视器打印的数值变化，你发现了什么？

当我们按下 XIAO 扩展板的按钮时，串口监视器显示 0；当我们松开按钮时，串口监视器显示 1，如图 4-6 所示。

任务 2：使用串口监视器查看旋钮数值变化

分析

在任务 1 中，按钮是数字输入，发出的是数字信号 0 和 1，而旋钮返回的则是模拟信号，我们需要读取 A0 引脚的旋钮的旋转角度值，并发送至串行端口，程序同样分为 3 步。

* 定义旋钮引脚，定义变量。
* 初始化串行端口，设置旋钮引脚状态。
* 读取并计算旋钮旋转角度值，发送至串行端口。

图 4-6 按下和松开按钮时串口监视器显示的状态

编写程序

完整程序如下。

```
/*
 *  使用串行监视器查看旋钮的数值
 */
// 定义旋转引脚为 A0
#define ROTARY_ANGLE_SENSOR A0
#define ADC_REF 3 //ADC 参考电压 3V
#define GROVE_VCC 3 // 参考电压 3V
// 旋钮旋转的最大角度为 300°
#define FULL_ANGLE 300

void setup()
{
// 串口初始化
    Serial.begin(9600);
    pinMode(ROTARY_ANGLE_SENSOR,
INPUT);// 设置旋钮引脚为输入状态
}

void loop()
{
// 变量电压为浮点数型
  float voltage;
// 读取旋钮引脚的模拟值
    int sensorValue = analogRead
(ROTARY_ANGLE_SENSOR);
    voltage = (float)sensorVal-
ue*ADC_REF/1023;// 计算实时电压
    // 计算旋钮转动的角度
float degrees = (voltage*FULL_AN-
GLE)/GROVE_VCC;
    Serial.println("The angle be-
tween the mark and the starting
position:");// 串口打印字符
    // 串口打印旋钮旋转角度值
    Serial.println(degrees);
    delay(100);
}
```

此程序在资源包内的 **L4_ReadRotary_ XIAO** 文件夹中。

上传程序

编写好程序后，因为用到了外接传感器，需要先用四色 Grove 电缆将旋钮模块接入 **A0** 引脚，如图 4-7 所示。

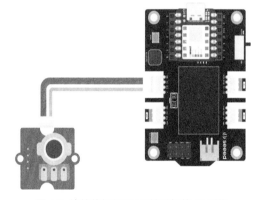

图 4-7 连接旋钮与 XIAO 扩展板的 A0 引脚

连接好后，将 XIAO 开发板用 USB 线连接至计算机。

接下来在 Arduino IDE 中单击 ☑ （验证按钮）检验程序，如果验证无误，单击 ➡ （上传按钮），将程序上传到硬件中，当调试窗口显示"上传成功"即可。打开串口监视器，旋转旋钮，看看串口监视器显示数据的变化，该数据就是旋钮的角度值，如图 4-8 所示。

拓展练习

在用串口监视器观察旋钮的角度值时，我

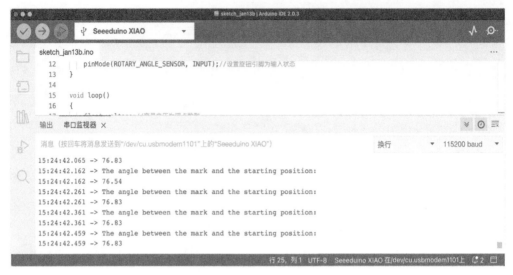

图 4-8 旋转旋钮时串口监视器显示的数据

们发现数值会不断跳动和变化，只是数值的跳动和变化不是很直观，这个时候，我们可以用串口绘图仪，将实时打印到 Arduino 的串口数据绘制成图表。在任务 2 的基础上，关闭串口监视器，打开"工具"→"串口绘图仪"，如图 4-9 所示。

串口绘图仪将串口获取的数据绘制成曲线图，X 轴代表时间，Y 轴代表串口获取的数据。通过图表我们可以更直观地看到数据的变化。请大家试一试吧。

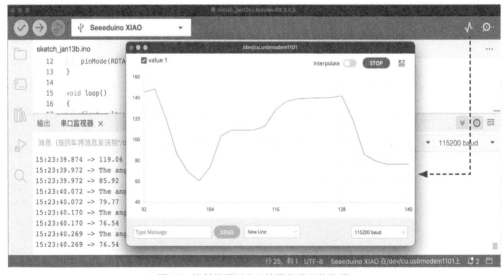

图 4-9 旋转旋钮时串口绘图仪显示的数据

第 5 课 用旋钮控制 LED 和舵机

上节课中，我们学习了串口监视器的使用，并通过串口监视器观察数字输入和模拟输入数据的区别，这节课，我们将结合旋钮，进一步探索模拟量的使用！

背景知识

舵机与舵机库 Servo.h

舵机

舵机又叫伺服电机，如图 5-1 所示。是具有齿轮和反馈系统的直流电机，我们可以通过输出到电路的信号控制舵机转动到特定的角度位置，舵机适用于需要精准位置控制的电子设备或者机器人等。

图 5-1 舵机

舵机库 Servo.h

如果我们想通过 XIAO 或者其他 Arudino 系列开发板控制舵机，可以使用 Servo.h 库文件，它是 Arudino 标准库之一，使用方便，同时能避免 PWM 引脚数量有限的问题。舵机库文件的相关函数如下。

- 声明使用库文件：
`#include <Servo.h>`
- 创建 `myservo` 对象以控制舵机：
`Servo myservo;`
- `attach()` 函数调用信号引脚：
`myservo.attach();`
- `write()` 函数将角度写入舵机，设置舵机轴转动的角度：
`myservo.write();`

舵机库无须我们手动安装，我们可以打开"文件"→"示例"→"Servo"，查看舵机的两个示例程序"Knob"和"Sweep"来熟悉舵机库的使用。

map() 函数

此函数能够将数值从一个范围映射到另一个范围。也就是说，它能将 **fromLow** 的值映射到 **toLow** 的值，**fromHigh** 的值映射到 **toHigh** 的值，是最简单的线性映射函数。

语法

`map(value, fromLow, fromHigh, toLow, toHigh)`

参数

value：要映射的数值。
fromLow：该值当前范围的下限。
fromHigh：该值当前范围的上限。
toLow：该值目标范围的下限。
toHigh：该值目标范围的上限。

示例：将 val 的 0 ～ 1023 映射到 0 ～ 255

```
void setup() {}
void loop() {
// 读取模拟引脚 A0 的数值
    int val = analogRead(0);
    val = map(val, 0, 1023, 0,
255);// 将 val 的数值映射到 0 ～ 255
// 将模拟量输出到 9 号引脚
    analogWrite(9, val);
}
```

项目制作

任务 1：使用旋钮控制 XIAO 板载 LED 的亮度

分析

在使用旋钮控制 LED 的时候，我们要用到 **map()** 函数，因为旋钮直接输出的模拟值为 0 ～ 1023，这个值并不是旋钮旋转的角度值，我们要先计算出旋钮旋转的角度值，再将这个值用 **map()** 函数映射到 LED 的亮度范围 0 ～ 255，程序编写步骤如下。

- 定义旋钮、LED 引脚。
- 初始化串行端口，设置旋钮和 LED 引脚状态。
- 读取并计算旋钮旋转角度值，并发送至串行端口。
- 将旋钮角度值映射到 LED 亮度值并存储到亮度变量，LED 引脚输出该变量值。

编写程序

完整程序如下。

```
// 定义旋钮引脚为 A0
#define ROTARY_ANGLE_SENSOR A0
// 定义 LED 引脚为 13
#define LEDPIN 13
#define ADC_REF 3 // 参考电压 3V
```

```
//GROVE 参考电压 3V
#define GROVE_VCC 3
// 旋钮最大旋转角度为 300°
#define FULL_ANGLE 300

void setup()
{
    // 串口初始化
    Serial.begin(9600);
    pinMode(ROTARY_ANGLE_SENSOR,
INPUT);// 设置旋钮引脚为输入状态
    // 设置 LED 引脚为输出状态
    pinMode(LEDPIN,OUTPUT);
}

void loop()
{
    // 变量电压为浮点数型
    float voltage;
    int sensor_value =
analogRead(ROTARY_ANGLE_SEN-
SOR);// 读取旋钮引脚的模拟值
    voltage = (float)sensor_val-
ue*ADC_REF/1023;// 计算实时电压
    // 计算旋钮旋转的角度
    float degrees = (voltage*FULL_
ANGLE)/GROVE_VCC;
    Serial.println("The angle be-
tween the mark and the starting
position:");// 串口打印字符
    // 串口打印旋钮旋转角度值
    Serial.println(degrees);
    delay(100);

    int brightness;// 定义亮度变量
    // 将旋钮角度值映射到 LED 亮度值并
存储到亮度变量
    brightness = map(degrees, 0,
FULL_ANGLE, 0, 255);
    analogWrite(LEDPIN,bright-
ness);//LED 引脚输出变量值
    delay(500);
}
```

此程序在资源包内的 L5_RotaryLed_XIAO 文件夹中。

上传程序

编写好程序后，用四色 Grove 电缆将旋钮接入 **A0** 引脚，如图 5-2 所示。

连接好后，将 XIAO 开发板用 USB 线连接至计算机。

接下来在 Arduino IDE 中单击 ✅（验证按钮）检验程序，如果验证无误，单击 ➡️（上传按钮），将程序上传到硬件中，当调试窗口显示"上传成功"即可。打开串口监视器，我们可以边旋转旋钮，边观察旋钮的角度值和 LED 的亮度变化，如图 5-3 所示。

⚠️ 注意

本示例使用的是 XIAO 板载 LED。

用旋钮控制 XIAO ESP32C3 外接的 LED

对于 Seeed XIAO ESP32C3 来说，它并没有可供用户使用的板载 LED，为了执行该程序，你需要先连接一个 LED 到开发板的 **D10** 引脚。

⚠️ 注意

一定要为 LED 串联一个电阻（约 150Ω）来限制流过 LED 的电流，防止过强的电流烧坏 LED。

接着在 Arduino IDE 中输入以下程序。

```
// 定义旋钮引脚为 A0
#define ROTARY_ANGLE_SENSOR A0
// 定义 LED 引脚为 D10
#define LEDPIN D10
#define ADC_REF 3 // 参考电压 3V
//GROVE 参考电压 3V
#define GROVE_VCC 3
// 旋钮最大旋转角度为 300°
#define FULL_ANGLE 300

void setup()
{
    // 串口初始化
    Serial.begin(9600);
```

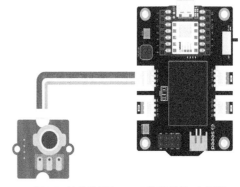

图 5-2 连接旋钮与 XIAO 扩展板的 A0 引脚

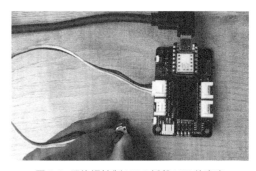

图 5-3 用旋钮控制 XIAO 板载 LED 的亮度

```
    pinMode(ROTARY_ANGLE_SENSOR,
INPUT);// 设置旋钮引脚为输入状态
    // 设置 LED 引脚为输出状态
    pinMode(LEDPIN,OUTPUT);
}

void loop()
{
    // 变量电压为浮点数型
    float voltage;
    int sensor_value =
analogRead(ROTARY_ANGLE_SEN-
SOR);// 读取旋钮引脚的模拟值
    voltage = (float)sensor_val-
ue*ADC_REF/1023;// 计算实时电压
    // 计算旋钮旋转的角度
    float degrees = (voltage*FULL_
ANGLE)/GROVE_VCC;
    Serial.println("The angle be-
tween the mark and the starting
position:");// 串口打印字符
```

```
    // 串口打印旋钮旋转角度值
    Serial.println(degrees);
    delay(100);

    int brightness;// 定义亮度变量
    // 将旋钮角度值映射到 LED 亮度值并
存储到亮度变量
    brightness = map(degrees, 0,
FULL_ANGLE, 0, 255);
    analogWrite(LEDPIN,bright-
ness);//LED 引脚输出变量值
    delay(500);
}
```

此程序在资源包内的 L5_RotaryLed_ XIAO_ESP32C3 文件夹中。

任务 2：用旋钮控制舵机

分析

用旋钮控制舵机时，我们可以调用 **Servo.h** 库文件，在任务 1 的基础上进行部分调整即可，程序分为以下 3 个步骤。

- 声明调用舵机库，定义舵机转动角度变量，定义旋钮引脚及电压。
- 初始化串行端口，设置旋钮和舵机引脚状态。
- 读取并计算旋钮旋转角度值，发送至串行端口，驱使舵机根据角度值转动。

编写程序

完整程序如下。

```
#include <Servo.h>// 声明使用舵机库
// 定义旋钮引脚是 A0 引脚
#define ROTARY_ANGLE_SENSOR A0
//ADC 参考电压为 3V
#define ADC_REF 3
//VCC 参考电压为 3V
#define GROVE_VCC 3
// 旋钮旋转的最大角度为 300°
#define FULL_ANGLE 300
```

```
// 创建 myservo 实例以控制舵机
Servo myservo;
// 定义变量以存储舵机转动角度
int pos = 0;

void setup() {
  Serial.begin(9600);// 初始化串口
  pinMode(ROTARY_ANGLE_SENSOR,
INPUT);// 设置旋钮引脚为输入状态
  // 舵机信号 myservo 通过引脚 5 来传输
  myservo.attach(5);
}

void loop() {

  // 将电压设置为浮点数型
float voltage;
    int sensor_value =
analogRead(ROTARY_ANGLE_SEN-
SOR);// 读取旋钮引脚的模拟值
  // 实时电压为读取到的模拟值乘参考电压
除以 1023
  voltage = (float)sensor_value *
ADC_REF / 1023;
  // 旋钮转动的角度为实时电压乘旋钮最大
角度值除以 GROVE 模块接口的电压值
  float degrees = (voltage * FULL_
ANGLE) / GROVE_VCC;
    Serial.println("The angle be-
tween the mark and the starting
position:");// 串口打印字符
  // 串口打印旋钮旋转角度值
  Serial.println(degrees);
  delay(50);
  // 将旋钮旋转角度值写入舵机
  myservo.write(degrees);
}
```

此程序在资源包内的 L5_RotaryServo_ XIAO 文件夹中。

上传程序

编写好程序后，首先将旋钮和舵机接入

XIAO 扩展板。

然后将 XIAO 开发板用 USB 线连接至计算机，如图 5-4 所示。

接下来在 Arduino IDE 中单击 ✅ （验证按钮）检验程序，如果验证无误，单击 ➡ （上传按钮），将程序上传到硬件中，当调试窗口显示"上传成功"即可。打开串口监视器，旋转旋钮，观察角度值的变化和舵机转动的情况，你发现了什么？

如果需要脱机运行，可以为扩展板连接锂电池，如图 5-5 所示。

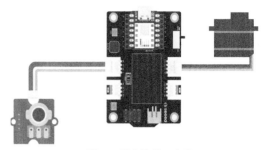

图 5-4 设备连接示意图

⚠ 注意

舵机的转动角度范围为 $0° \sim 180°$，所以在串口监视器中看到角度值大于 $180°$ 时，舵机停止转动。

拓展练习

我们前面用到的是 XIAO 板载的 LED，如果想要外接 LED，再用旋钮去控制它，让它呈现呼吸灯的效果，该怎么办呢？XIAO 扩展板引出的数字模拟 Grove 接口有 2 个，除了连接旋钮的 **A0/D0** 接口，还有一个 **A7/D7** 接口，我们可以将外接 LED 接在该接口，如图 5-6 所示。

连接好后，我们将任务 1 的程序简单改变一下，将 **#define LEDPIN 13** 改为 **#define LEDPIN 7**。再将改写好的程序上传，看看能否实现我们想要的效果。

此程序在资源包内的 **L5_RotaryLed_ ledmodule** 文件夹中。

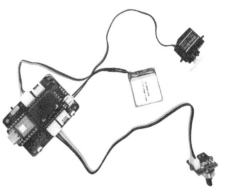

图 5-5 为扩展板外接锂电池

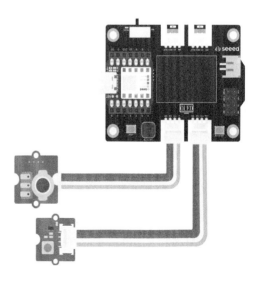

图 5-6 XIAO 扩展板同时接旋钮和 LED 模块

第 6 课 让 OLED 显示屏显示 Hello World！

生活中，我们处处可见显示屏，如电视机、计算机、手机、车载显示屏、商场里的液晶广告牌……如果没有各种各样的显示屏，我们的生活将失去很多乐趣。当然，这些显示屏除了用于休闲娱乐，对于生活来说也是必不可少的工具。常见的显示屏有 LCD 显示屏、OLED 显示屏等，它们各有优劣，根据各自的特征可以应用于不同的领域和场景。在 XIAO 扩展板上集成了一个 OLED 显示屏，这节课我们将学习如何使用 OLED 显示屏显示文字、图案和图片。

背景知识

OLED 显示屏

OLED 又叫有机发光显示器、有机发光二极管，其自发光、功耗低、反应速度快、分辨率高和质量轻等优点使它的应用领域非常广泛。在 XIAO 扩展板上集成了一个 0.96 英寸的 128 像素 ×64 像素 OLED 显示屏，如图 6-1 所示，它可直接使用，无须连线。在制作项目时，我们可以通过 OLED 显示屏显示时间、温 / 湿度等传感器返回的数值，也可以直接显示字母、数字、图形，甚至图案，实现可视化交互的效果。

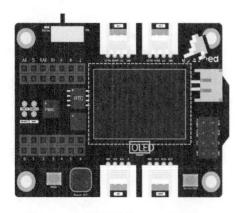

图 6-1 XIAO 扩展板上的 OLED 显示屏

如何下载及安装 U8g2_Arduino 库

库是程序的集合，将一些常用的函数封装到一个文件里，方便用户调用。当我们使用 OLED 显示屏、温 / 湿度传感器等进行编程时，需要用到对应的库。那这些库从哪里下载？如何安装？以 OLED 显示屏的 U8g2_Arduino 库文件为例进行说明。

在搜素引擎（建议使用 Bing）中搜索关键字"olikraus/U8g2_Arduino"，进入 U8g2_Arduino: Arduino Monochrome Graphics Library（U8g2_Arduino: Arduino 单色图形库）的 GitHub 页面，单击"Code"→"Download ZIP"下载资源包到本地，如图 6-2 所示。

下载完成后，打开 Arduino IDE，如图 6-3 所示，单击"项目"→"包含库"→"添加 ZIP 库…"，选择刚下载的 .ZIP 文件即可。

如果库安装正确，可以在输出窗口中看到成功安装库的提示信息。

OLED 显示屏的 U8g2 库

U8g2 库是用于嵌入式设备的单色图形库，支持多种类型的 OLED 显示屏，方便我们编写程序，实现想要的效果。U8g2 库还包括 U8x8 库，两种库有不同的功能。

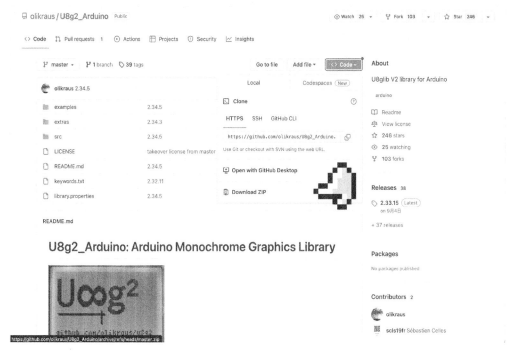

图 6-2　"Download ZIP"界面

图 6-3　在 Arduino IDE 里添加刚下载的 .ZIP 库文件

U8g2

- 包括所有图形过程（线 / 框 / 圆绘制）。
- 支持多种字体，几乎对字体高度没有限制。
- 需要微控制器（MCU）中的一些内存来呈现显示。

U8x8

- 仅支持文本（字符）输出。
- 仅允许每个字符使用固定大小的字体（8 像素 ×8 像素）。
- 直接写入显示，微控制器中不需要缓冲区。

简单来说，如果我们想要 OLED 显示屏显示多种字体、图形和图案，更加灵活地呈现可视化的内容，可使用 U8g2 库；如果我们想要更直接地显示字符，对字体无要求，仅为了显示传感器的数值等，可以使用 U8x8 库，更有效率。如图 6-4 所示，我们可以在"文件"→"示例"→"U8g2"中找到很多示例程序，通过示例程序，熟悉库的使用方法。

接下来，我们分别使用两个库显示字符和画圆。

任务 1：在 XIAO 扩展板的 OLED 显示屏上显示"Hello World！"

⚠ 注意

开始为 XIAO 扩展板的 OLED 显示屏编写程序之前，先确保 Arduino IDE 已经加载了 **U8g2_Arduino** 库文件。加载方法可参考本课的"如何下载及安装 U8g2_Arduino 库"部分的说明。

分析

如果只是在 OLED 显示屏上显示"Hello World!"，直接写入字符，用 U8x8 库即可。

步骤如下。

- 声明库文件，设置构造函数，定义显示类型、控制器、RAM 缓冲区大小和通信协议。
- 初始化显示。
- 设置显示字体，设置打印起始位置，输出"Hello World!"。

编写程序

完整程序如下。

图 6-4 U8g2 库的示例程序

```
#include <Arduino.h>
// 使用 U8x8 库文件
#include <U8x8lib.h>
// 设置构造函数，定义显示类型，控制器，
RAM 缓冲区大小和通信协议，一般根据使用
的显示器型号确定
U8X8_SSD1306_128X64_NONAME_HW_I2C
u8x8(/* reset=*/ U8X8_PIN_NONE);
void setup(void) {
    u8x8.begin();// 初始化 u8x8 库
    // 将显示屏翻转 180°，参数一般是数
字 0 和 1
    u8x8.setFlipMode(1);
}
void loop(void) {
    u8x8.setFont(u8x8_font_chro-
ma48medium8_r);// 定义 u8x8 字体
    // 设置绘制光标的位置
    u8x8.setCursor(0, 0);
    // 在 OLED 显示屏上绘制内容：Hello
World！
    u8x8.print("Hello World!");
}
```

此程序在资源包内的 L6_HelloWorld_
XIAO 文件夹中。

上传程序

编写好程序后，我们将 XIAO 开发板用
USB 线连接至计算机。

接下来在 Arduino IDE 中单击 ✓（验证按
钮）检验程序，如果验证无误，单击 → （上传
按钮），将程序上传到硬件中，当调试窗口显
示"上传成功"即可。看看 OLED 显示屏是否
如图 6-5 所示显示"Hello World!"。

分析

在 OLED 显示屏上画圆，要用 **U8g2** 库，
程序编写需要 4 个步骤。

- 声明使用 **U8g2** 库文件，判断使用 SPI
还是 I²C 协议，设置构造函数连接 OLED
显示屏。
- 在 **draw()** 函 数 中 使 用 **u8g2.
drawCircle()** 函数在 OLED 显示屏上绘
制圆形。
- 初始化 **U8g2** 库。
- 在 **loop()** 函数中，调用相关函数在
OLED 显示屏上绘制图像。

图 6-5 XIAO 扩展板的 OLED 显示屏显示"Hello World!"

编写程序

完整程序如下。

```
#include<Arduino.h>
#include<U8g2lib.h>// 使用 U8g2 库

// 判断使用 SPI 还是 I²C 协议
#ifdef U8X8_HAVE_HW_SPI
#include<SPI.h>
#endif
#ifdef U8X8_HAVE_HW_I2C
#include<Wire.h>
#endif


U8G2_SSD1306_128X64_NONAME_F_HW_
I2C u8g2(U8G2_R0, /* reset=*/
U8X8_PIN_NONE);
// 设置构造函数，定义显示类型，控制器，
RAM 缓冲区大小和通信协议
void draw(void) {
  // 使用 u8g2.drawCircle() 函数在
OLED 显示屏上绘制圆形，参数包括圆心坐标
(20,25)、半径 (10)，以及绘制方式 (U8G2_
DRAW_ALL)
    u8g2.drawCircle(20, 25, 10,
U8G2_DRAW_ALL);
}

void setup(void) {
  u8g2.begin();// 初始化 U8g2 库
}

void loop(void) {
  // 图片循环显示
  u8g2.firstPage();
  do {
      draw();// 使用 draw() 函数
      } while( u8g2.nextPage() );

  delay(1000);
}
```

此程序在资源包内的 L6_DrawCircle_
XIAO 文件夹中。

上传程序

编写好程序后，我们将 XIAO 开发板用 USB 线连接至计算机。

接下来在 Arduino IDE 中单击 ✅ （验证按钮）检验程序，如果验证无误，单击 ➡ （上传按钮），将程序上传到硬件中，当调试窗口显示"上传成功"即可。

看看 OLED 显示屏有没有出现如图 6-6 所示的圆形图案呢？

图 6-6 XIAO 扩展板的 OLED 显示屏显示
圆形图案

拓展练习

任务 3：在 XIAO 扩展板的 OLED 显示屏上显示太阳图案

OLED 显示屏同样可以显示外部图片，但需要将图片转换为二维数组，使开发板可以知道图案在显示屏各个像素点的位置。以图 6-7 所示的太阳图案为例（可以在本书的资源包内找到图片文件 sun.jpg），一起来试试吧。

步骤 1：将图片设置为 64 像素 ×64 像素，BMP 格式，XIAO 扩展板使用的 OLED 显示屏是 128 像素 ×64 像素的，图片像素不超过该像素即可。可以通过 Windows 系统自带的画图工具调整像素，再另存为 BMP 格式即可。

图 6-7 希望在 OLED 显示屏上显示的太阳图案

如果你使用的是 macOS 系统的计算机，只能通过图片格式转换器或者在线图片转换器来进行图片格式的转换。比如在搜索引擎搜索"图片转 BMP 格式"，找到适合自己的软件或格式转换网站。

步骤 2：使用将图片转化为二维数组的工具，如 image2cpp、LCD Assistant 等。这里

我们以 Windows 系统下的 PCtoLCD2022（可以通过搜索找到该软件）为例。

打开 PCtoLCD2002 软件后，通过"文件"→"打开"，选择图片保存目录找到该图片并打开，如图 6-8 所示。

步骤 3：接下来设置字模选项，按照图 6-8 所示的"字模选项"窗口进行选择，在"取模方式"中选择"逐行式"，在"自定义格式"中选择"C51 格式"，完成后，单击"确定"。

然后，在主界面下方单击"生成字模"即可，我们将全部的数组复制下来，这些数组在程序中会用到。

掌握了如何将图片转换成二维数组，我们就可以让 OLED 显示屏显示各种图片了，注意不要使用过多颜色和过于复杂的图片，尽量使用简笔画。接下来，将下面的程序在 Arduino IDE 中上传到 XIAO 开发板，太阳的图案就显示到 OLED 显示屏上了。

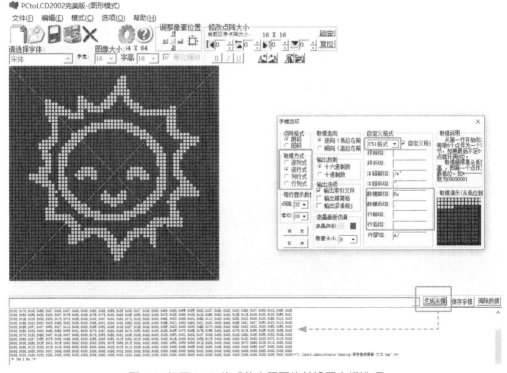

图 6-8 打开 BMP 格式的太阳图片并设置字模选项

```
#include<Arduino.h>
#include<U8g2lib.h>

#ifdef U8X8_HAVE_HW_SPI
#include<SPI.h>
#endif
#ifdef U8X8_HAVE_HW_I2C
#include<Wire.h>
#endif

// 创建 u8g2 对象，参数 U8G2_SSD1306_
128X64_NONAME_F_HW_I2C 表 示 使 用
SSD1306 驱动，OLED 显示屏分辨率为 128
像素 ×64 像素
// 在调用 U8G2_SSD1306_128X64_NONAME_F_
HW_I2C 类的构造函数时，U8G2_R0 代表不
旋转显示屏，U8X8_PIN_NONE 代表没有连
接复位引脚
U8G2_SSD1306_128X64_NONAME_F_HW_
I2C u8g2(U8G2_R0, /* reset=*/
U8X8_PIN_NONE);

// 将你的 .xbm 文件的内容复制到下面
#define sun_width 64
#define sun_height 64
static const unsigned char sun_
bits[] PROGMEM = {
0x00,0x00,0x00,0x00,0x00,0x00,0x0
0,0x00,0x00,0x00,0x00,0x00,0x00,0
x00,0x00,0x00,0x00,0x00,0x00,0x0
0,0x00,0x00,0x00,0x00,0x00,0x00,
```
```
0x00,0x00,0x0C,0x00,0x00,0x00,0x
00,0x00,0x00,0x00,0x0E,0x00,0x00,
0x00,0x00,0x00,0x00,0x00,0x0E,0x
00,0x00,0x00,0x00,0x00,0x00,0x00,
0x0F,0x00,0x00,0x00,0x00,0x00,0x0
0,0x00,0x1F,0x00,0x00,0x00,
};
void draw(void) {
  // 重新绘制整个显示屏的图形命令应该放
在这里
  u8g2.drawXBMP( 42, 0, sun_width,
sun_height, sun_bits);
}
void setup(void) {
  u8g2.begin();
}
void loop(void) {
  // 画面循环描绘
  u8g2.firstPage();
  do {
    draw();
    } while( u8g2.nextPage() );
  // 延迟重绘的画面
  delay(1000);
}
```

此程序在资源包内的 L6_Sun_XIAO 文件
夹中。

将 XIAO 与计算机连接，在 Arduino IDE 中
将程序上传到 XIAO 开发板，太阳的图案就显
示在 OLED 显示屏上了，如图 6-9 所示。

图 6-9 XIAO 扩展板的
OLED 显示屏显示太阳图案

第二单元
项目实践初级——
原型设计入门

　　本单元，我们将以几个经典项目为案例进行项目实践，学习如何从一个创意出发，制作出可以快速验证的原型作品。本单元，我们不再逐行逐句地分析程序，只对关键步骤做讲解，更多地学习程序的实际应用，Arduino 的库和示例程序非常丰富，还有大量社区资源，在做项目时，要善于去寻找资源，参考示例程序，根据自己的需求去调整程序，从而更快地实现自己想要的效果。此外，我们将开始根据程序实现的效果，初步学习如何去设计外观，先从身边的物品开始，对它们进行改造，将物品和电子硬件结合在一起，快速形成原型作品。

第 7 课 产品原型设计入门

在第一单元，我们已进入电子硬件和编程的大门，学习了如何通过程序控制电子硬件，实现想要的效果，比如通过多种方式控制 LED、蜂鸣器、OLED 显示屏等，掌握这些知识将有助于我们将脑海中的创意变成现实。这节课，我们将学习从一个想法到原型作品再到产品的过程，只有掌握了这些知识，你才算迈入了产品原型设计的大门。

你能坚持到这里，无须怀疑，你必定是一个"创客"了。"想要自己做个东西"的想法不断在你脑子里萦绕。本节课将为你提供一些如何成为一个创客的建议和如何制作电子产品原型设计入门的指导。

培养创客心态

成为一个优秀的创客，不单单要学习硬件模块、编程知识，还需要有意识地培养一些习惯。

Make: 杂志的创始人戴尔·多尔蒂（Dale Dougherty，如图 7-1 所示）在培养创客心态上给出了一些建议。

保持游戏心态，怎么做更"好玩"

玩耍心态会让我们更容易产生创意和获得新的体验。当我们玩的时候，我们的身体和思想都会参与进来，我们会积极与他人互动。我们会觉得学习是一件自然而然的事，我们可以冒险去做我们不知道自己能做的事情。

保持好奇心

提出问题——谁、什么、为什么，以及如何。你身边的东西是怎么做成的？谁制造了它们？它们是在哪里制造的？

勤于思考

积极用你的感官体验你周围的物质世界、自然世界和建筑世界之间有什么区别。

从一个最喜欢的工具开始

我们的世界存在用于各种应用领域的工具。

图 7-1 *Make:* 杂志的创始人戴尔·多尔蒂

选定一个你感兴趣的领域，例如自行车或音乐，研究一下你想学习使用哪些实体和数字工具，选择一个新工具并与我们分享。

做你从未做过之事

有时我们认为自己不擅长某事，并且从不尝试去做。DIY 精神的一部分是尝试你以前从未尝试过的事情，即使你不是特别擅长。

造点什么

你可能会设计一些能够解决问题的东西——可能是你的问题，也可能是其他人的问题。也可能会制作一些有趣的东西，例如玩具、玩具小车或飞机、纸飞机发射器、火箭……

年轻人为什么成为创客？

- 确定自己是创造者或制造者。有许多年轻人对创建动手项目持积极态度。
- 培养对创造性表达的信心。通过设计、试验、迭代和在失败中坚持，他们能够将想法变为现实。
- 掌握技术、工具、知识。通过动手制作，他们能够熟悉各种工具和技术。
- 了解 STEAM。年轻人开始意识到连接科学、技术、工程、艺术和数学的想法和概念，并表现出好奇心以了解更多信息。
- 学习协作和网络技能。年轻人能够在制作项目的过程中体会到合作和互助的重要性。

创客的属性是什么？什么是创客心态？

- 创客很好奇，他们是探险家，他们追求他们个人觉得有趣的项目。
- 创客很有趣，他们经常开展看上去异想天开的项目。
- 创客愿意承担风险，他们不怕尝试以前没有做过的事情。
- 创客有担当，他们喜欢做一些能够帮助他人的项目。
- 创客是执着的，他们不会轻易放弃。
- 创客足智多谋，他们在不太可能的地方寻找材料和灵感。
- 创客乐于分享他们的知识、工具并积极支持他人。
- 创客乐观地相信他们可以改变世界。

产品原型设计启蒙

本节作者介绍

温燕铭（如图 7-2 所示），90 后，香港中文大学法学硕士，硬件产品经理，发明爱好者，创业者，有 10 多年科技实践和创客经验，曾就职于迪拜的科技创新加速器、深圳创客教育机构、开源硬件企业，在深圳创办了专门从事专利和产品研发的公司，拥有近 20 项国家专利授权，持有国家法律职业资格证、教师资格证、多旋翼无人航空系统机长证。曾获深圳市无人机组装大赛冠军，深圳逐梦杯大学生创新创业大赛二等奖。

图 7-2　温燕铭

产品原型设计的基本流程

从创意到产品原型再到产品，是每一个产品的诞生必须经历的过程。产品原型可以让我们用低成本的方式快速地验证创意、功能和产品可行性，为产品的测试、优化、更新迭代提供基础。每一个我们看到的成功产品背后，可能已经经过了无数次的产品原型的迭代。因此，做好产品原型，是一个成功产品的必经过程和坚实基础。

不同的产品类型和不同的产品阶段所需要制作的产品原型并不一样，产品原型有概念性原型、功能性原型、小批量生产原型、工厂手板等，在此需要说明的是，对于电子类硬件产品，这里讨论的主要是针对产品概念和功能实现的产品原型。

一般而言，功能性产品原型的设计主要有以下几个过程。

1. 发现并明确要解决的问题

爱因斯坦曾说过："提出一个问题往往比解决一个问题更为重要。"每个产品都必定是为了解决某一个问题或为了给人们提供某种益处而存在的，因此，发现并明确要解决的问题是明确产品设计需求和进行产品设计的前提。

需要注意的是，我们发现了一个问题，并不代表我们就真正理解和正确定义了这个问题。举个例子，100多年前，福特公司的创始人亨利·福特先生到处去问客户需要一个什么样的交通工具，绝大多数人的答案是"我要一匹更快的马"，但是人们需要的真是一匹更快的马吗？如果福特先生就此定义问题，可能我们也不会这么快就拥有更快、更舒适的汽车了。

2. 需求分析和产品定义

问题定义清楚了，我们可以从中发掘出用户未被满足的需求。就如同上面的例子，当时人们的问题其实是，怎样更快地到达目的地，所以对应的需求是"更快的交通工具"，而非"更快的马"。所以，我们要善于从发现的问题中发掘更深层次的真正的需求。

如图7-3所示，需求分析一般需要对用户人群和使用场景进行分析，从而推导出要解决的问题所需要的功能，也就是明确为了谁？在什么场景下？实现什么功能？从而获得什么益处？

需求分很多种，是用户真正的需求，还是表面上的需求；是非常迫切的需求，还是一般的需求；是高频的需求，还是低频的需求……这些都需要我们根据实际进行分析，从而做出正确的产品定义。

每一个产品最终都需要通过市场商品化来实现它的最大价值，因此，在以后需要设计市场化产品的时候，我们还需要进行一系列市场分析，包括市场规模、销售预期、盈利分析、回本周期、投入产出比分析等。

3. 硬件选型和搭建

对于电子产品的设计，需求定义好了，我们就需要找到适合实现这些功能需求的硬件。

在选择硬件的时候，一般需要考虑的要素包括可行性、需求满足程度、成本、体积、质量、性能、寿命、外观等。一个优秀的产品设计者，最重要的能力之一就是基于产品定义和需求，进行多方面要素的综合考虑，对这些要素进行平衡和取舍。很多时候，并没有唯一正确的答案。

一般而言，我们在进行原型的搭建时，首先应该考虑的是做一个最小可行产品（Minimum Viable Product，MVP，如图7-4所示），它的作用是用最少的资源，快速验证产品，快速完善迭代。

图 7-3 需求分析和产品定义

4. 软件开发和功能实现

很多资深的软件开发工程师在开发软件之前，会根据需要实现的功能画出功能实现流程图，这样既有助于理清软件设计思路，检查功能逻辑，方便查漏补缺，也可以在编程时随时参考，做到心里有数。因此，无论软件功能开发的复杂程度如何，都建议大家能养成良好的习惯，先画出功能实现流程图，它可以是简单的手绘草图，也可以用如 Visio、AxureRP 等专业的软件绘制。图 7-5 展示了应对灯泡不亮问题的简单流程。

在开发软件的时候，要尽量做到高效简洁，要充分利用开源社区的优势，学会更有效地利用现有硬件和软件资源，比如很多硬件或应用已经有现成的开源库和例程，我们在开发的时候可以多参考，遵守相应的开源协议使用相关资源，不要把时间花在重复造轮子上。

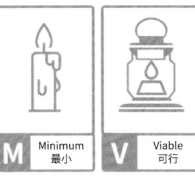

| M | Minimum 最小 | V | Viable 可行 | P | Product 产品 |

图 7-4 最小可行产品

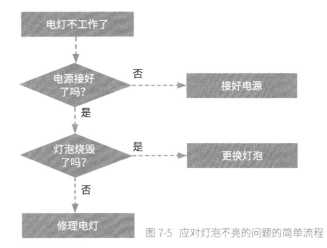

图 7-5 应对灯泡不亮的问题的简单流程

5. 原型测试和优化

原型制作完成后，我们需要对其进行测试，检验其功能实现是否满足原有设计需求，这个过程应该尽可能多地让目标用户人群参与进来，搜集他们的反馈意见，这样我们就可以更好地发现产品原型中的缺陷，并进行补救和完善，对设计更新迭代，最后做出符合用户需求的设计方案，为正式的产品设计打下坚实的基础。

产品原型实践——1m 距离报警器产品原型

下面，我们就以 1m 距离报警器产品原型的制作过程为例，体验产品原型设计的流程。

1. 发现并明确要解决的问题

2020 年年初，新冠疫情突如其来。为了防止病毒通过飞沫和近距离空气接触传播，各国政府和卫生防疫部门都要求大家减少人群聚集，尽可能保持 1m 以上的社交距离。然而，要大家时刻牢记这一点并准确地保持 1m 以上社交距离并非易事。

所以，我们从生活中得出了一个问题：**如何时刻提醒人们保持 1m 以上的社交距离？**

2. 需求分析和产品定义

明确问题后，我们来分析核心需求：大众

可用的、在他人进入 1m 范围时提醒其保持社交距离的防疫装置。接着思考提醒方式，显示屏的成本高，且显示屏较小时不易被人们看清，较大时占用空间大，故不选；还有发声、亮灯、振动等提醒方式，可根据成本、体积等因素取舍。最终我们把这个产品定义为：检测到有人进入 1m 范围内时发光、振动的提醒装置。

3. 硬件选型和搭建

产品定义好后，我们可以从中分解出核心功能需求。

- 检测人进入 1m 距离范围。
- 报警提醒自己和他人。
- 体积小，便于随身携带。

那分别用什么硬件去实现呢？在产品原型实现的过程中，我们一般会选择成本低、资料全、例程多的开源硬件来实现硬件功能，综合考虑了成本、功能实现、搭建难度、体积、软件开发资源等要素后，我选择了以下硬件，硬件连接如图 7-6 所示。

- **开发板——Seeed Studio XIAO SAMD21**：矽递科技研发推出的基于 SAMD21 的极小开发板，体积非常小，只有一个拇指盖大小，

接口丰富，性能强大，非常适用于开发各种小体积装置。

- **扩展板——Seeed Studio Grove Base for XIAO**：XIAO 开发板的 Grove 扩展板，板载 8 个包含 I²C 和 UART 数据类型的 Grove 接口，可以方便地连接带有 Grove 接口的传感器和执行器，无须焊接，内置电源管理系统，可以通过 USB 接口对锂电池充电。和开发板搭配，可以方便地进行模块测试、制作各种小体积的项目原型。

- **距离检测——Grove 飞行时间距离传感器（ToF）**：检测距离的传感器有很多，它们大部分通过超声波、红外线、激光等进行测量，其中 Grove 飞行时间（Time of Flight，ToF）距离传感器搭载 VL53L0X（新一代 ToF 激光测距模块），可以提供精确的长达 2m 的距离测量，该模块的小体积和高精确度让我优先选择了它。

- **灯光报警——Grove 灯环**：带有一圈 LED 的 Grove 灯环，可亮一圈白色光，外形美观。相较于单个 LED，它可以提供较大范围的相对明显的灯光提醒。

- **振动报警——Grove 振动电机**：一个板

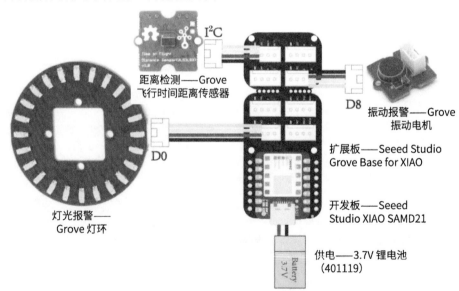

图 7-6　1m 距离报警器产品原型的硬件连接

载振动电机的 Grove 模块，可以即插即用，方便通过数字信号控制产生连续或间断的振动提醒。

- **供电——3.7V 锂电池（401119）**：体积很小的常用于蓝牙耳机供电的 3.7V 锂电池，型号为 401119，代表电池的厚度、宽度、长度分别为 4mm、11mm、19mm，该尺寸的锂电池被焊接到 Grove 扩展板上的锂电池焊盘后，可以直接放置于 Seeed Studio XIAO SAMD21 和 Grove 扩展板之间的空隙，使产品更加整洁美观。
- **连接线——Grove 通用连接线（5cm）**：Grove 通用连接线是搭配 Grove 系统的标准连接线，可方便地即插即用，无须焊接和考虑线序，用它将各个传感器和执行器连接到扩展板上，搭建项目变得像搭积木一样简单，可以节省很多时间。5cm 的短线非常适用于空间紧凑的产品原型。

因为所选用的硬件模块有着很好的外形结构，可以直接用于搭建距离报警器的外形，节省了制作外壳的时间，所以制作的方式比较简单，我们只需要将各个硬件连接到相应的引脚上，摆好各自的位置，然后用热熔胶简单粘起来，即可快速完成 1m 距离报警器的硬件连接和外形搭建，搭建完的硬件产品原型如图 7-7 所示。

4. 软件开发和功能实现

在正式编写程序之前，我先规划了软件需要实现的功能和逻辑，用 Visio 画出软件功能流程如图 7-8 所示。

因为 Seeed Studio XIAO 支持 Arduino IDE，于是我选择在 Arduino IDE 里进行编程。矽递科技提供的硬件大部分是开源的，所以在编程的过程中，我在 Seeed Studio 官网上找到对应开源硬件的资料，下载相应的库文件（注释：库文件即开发者提供的一定功能的合集，使用者可以通过简单调用的方式使用，无须自己重

图 7-7 1m 距离报警器的产品原型

新编写程序），参考用到模块的例程，很快就完成了程序。

完成程序编写并编译成功后，通过 USB 线连接 Seeed Studio XIAO SAMD21 到计算机，将编写好的程序通过 Arduino IDE 下载到 Seeed Studio XIAO SAMD21 上。程序上传成功后，我们就完成了产品原型的搭建。

5. 原型测试和优化

完成原型制作后，接下来就要对原型进行测试了。首先需要测试做出来的原型是否实现了基本功能，即检测到 1m 范围内有人时，是否会发光和振动。然后需要把它放到实际场景中使用，看用户的使用体验是否足够好。如果发现它能很好地满足产品需求和定义，就可以认为这个产品原型是成功的，接下来就可以进行下一步的产品研发了。当然，如果在测试的过程中发现了问题，就需要重新进行调整和完善，然后再测试，重复这一过程直到产品原型符合要求，定下最终方案。

行百里者半九十，完成产品原型只是制作一个成功产品的第一步，每一个产品的诞生背后都需要创造者们花费大量的心血，不断地反

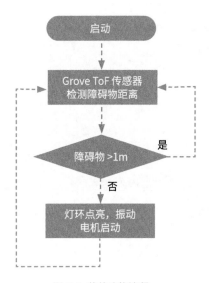

图 7-8 软件功能流程

复尝试和调整。而最终产品是否能够成功,除了要满足用户的需求外,还需要经历市场的考验,这就需要大家在始终保持匠心精神的同时,也保持对市场的敏锐触觉,学习更多产品以外的知识。

路漫漫其修远兮,望大家都能不忘初心,上下而求索,最终做出成功的产品。

本项目的程序如下。

```
// 导入 Grove_LED_Bar 库
#include <Grove_LED_Bar.h>
// 导入 Seeed_vl53l0x 库
#include "Seeed_vl53l0x.h"
// 振动电机连接到 D8
const int Buzzer = 8;
//Grove 灯环连接到 D0)
Grove_LED_Bar bar(0, 1, 0, LED_
CIRCULAR_24);
//Grove。ToF 距离传感器连接到 I²C 接口
(D4/D5)
Seeed_vl53l0x VL53L0X;
#ifdef ARDUINO_SAMD_VARIANT_COM-
PLIANCE
#define SERIAL SerialUSB
#else
#define SERIAL Serial
#endif
```

```
void setup() {
    bar.begin();    // 启动灯环
    // 将 Buzzer 设置为输出模式
    pinMode(Buzzer, OUTPUT);
    // 关闭 Buzzer (高电平开启)
    digitalWrite(Buzzer, LOW);
    // 关闭所有 LED
    bar.setBits(0x0);
    VL53L0X_Error Status =
VL53L0X_ERROR_NONE;
    // 设置串口波特率
    SERIAL.begin(115200);
    Status = VL53L0X.VL53L0X_com-
mon_init();    // 初始化传感器
// 如果初始化失败,则打印错误信息
if (VL53L0X_ERROR_NONE != Status)
{
    SERIAL.println("start vl53l0x
mesurement failed!");
        VL53L0X.print_pal_er-
ror(Status);
        while (1);
    }
    // 初始化长距离测量模式
    VL53L0X.VL53L0X_long_distance_
ranging_init();
// 如果初始化失败,则打印错误信息
    if (VL53L0X_ERROR_NONE !=
Status) {
        SERIAL.println("start
vl53l0x mesurement failed!");
        VL53L0X.print_pal_er-
ror(Status);
        while (1);
    }
}
void loop() {
    VL53L0X_RangingMeasurementDa-
ta_t RangingMeasurementData;
    VL53L0X_Error Status =
VL53L0X_ERROR_NONE;
    memset(&RangingMeasurementDa-
ta, 0, sizeof(VL53L0X_RangingMea-
surementData_t));
    Status = VL53L0X.PerformSin-
gleRangingMeasurement(&Ranging-
```

启动

Grove ToF 传感器
检测障碍物距离

障碍物 >1m   是

否

灯环点亮,振动
电机启动

```
MeasurementData);
        // 检查测量是否成功
    if (VL53L0X_ERROR_NONE ==
Status) {
        if (RangingMeasurementDa-
ta.RangeMilliMeter >= 2000) {
            SERIAL.println("out
of range!!");
            digitalWrite(Buzzer,
LOW);   // 关闭振动电机
            // 关闭所有 LED
            bar.setBits(0x0);
        }
        else if (RangingMeasure-
mentData.RangeMilliMeter <= 1000)
{
            digitalWrite(Buzzer,
HIGH);   // 打开振动电机
            // 打开所有 LED
                bar.setBits(
0b111111111111111111111111);
            SERIAL.print("Dis-
tance:");
            SERIAL.print(Rang-
ingMeasurementData.RangeMilliMe-
ter);
            SERIAL.println("
mm");
        }
        else {
            digitalWrite(Buzzer,
LOW);   // 关闭振动电机
            // 关闭所有 LED
            bar.setBits(0x0);
            SERIAL.print("Dis-
tance:");
            SERIAL.print(Rang-
ingMeasurementData.RangeMilliMe-
ter);
```

```
            SERIAL.println("
mm");
        }
    }
    else {
        SERIAL.print("mesurement
failed !! Status code =");
        SERIAL.println(Status);
        digitalWrite(Buzzer,
LOW);   // 关闭振动电机
        // 关闭所有 LED
        bar.setBits(0x0);
    }
    delay(250);
}
```

此程序在资源包内的 L7_tof_XIAO 文件
夹中。

在 **setup()** 函数中,程序会初始化距离
传感器和灯环。首先,它会启动灯环,并将振
动电机引脚设置为输出模式。然后,它会关闭
所有 LED,接着初始化传感器。如果初始化失败,
则会打印错误消息,并使程序陷入无限循环。

在 **loop()** 函数中,程序将测量距离,并
根据距离打开或关闭 LED 和振动电机。如果测
量成功并且距离大于或等于 2000 mm,则关闭
所有 LED 并关闭振动电机。如果距离小于或等
于 1000 mm,则打开所有 LED 并打开振动电
机。在距离大于 1000mm、小于 2000mm 时,
关闭所有 LED 并关闭振动电机(这里我们保留
了一个逻辑,读者可以考虑增加一个告警状态,
比如在距离大于 1000 mm、小于 2000mm 时,
打开 LED 并关闭振动电机)。

在每次循环中,程序还会延迟 250ms,使
距离传感器有足够的时间完成测量。

第 8 课 智能温 / 湿度仪

温 / 湿度计在生活中处处可见，它可以实时测量环境中的温度和湿度；还有更常用的用来测量体温的温度计，当你体感不适有发热迹象时，就会使用温度计测量体温，确定自己是否发烧。温 / 湿度计的发明给我们的生活带来非常多的便利，然而小小的温 / 湿度计却有大大的学问，这节课，我们就通过温 / 湿度传感器来制作一个智能温 / 湿度仪，你知道什么是温 / 湿度传感器吗？它有什么功能呢？

背景知识

温度

温度和我们的生活紧密相关，例如我们会根据天气的冷热决定出门前穿什么衣服，入口的食物或饮料要避免太烫或太冷。当你迈出家门时，可以感觉到室外的冷热，但究竟有多冷、有多热，就需要用"温度"进行量化。

温度是表示物体冷热程度的物理量，物体的温度高低是一个宏观现象，它反映了微观上组成物体的分子热运动的剧烈程度，即温度是组成物体的大量分子热运动剧烈程度的体现。分子运动愈快，温度愈高，物体愈热；分子运动愈慢，温度愈低，物体愈冷，如图 8-1 所示。

为了精确地测量温度，需要制定温度的标准尺度，并设计制作相应的温度测量工具。

温标

温度的标准尺度称为温标，在科学的发展过程中，人们制定出了各种各样的温度标准，但其本质方法如出一辙，即通过规定某些现象事物的温度值，从而标定出各种其他的温度。常见温标有华氏温标、摄氏温标和开尔文温标。目前世界上只有美国和其他一些英语国家仍在使用华氏温标。而包括中国在内的世界上绝大

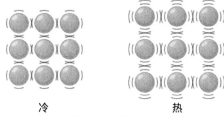

冷　　　　　热

图 8-1　温度是组成物体的大量分子热运动
剧烈程度的体现

多数国家使用摄氏温标。在涉及科研的领域中，科学家更愿意使用开尔文温标。

- 华氏温标中，规定标准大气压下，水开始结冰的温度为 32 华氏度，水沸腾的温度为 212 华氏度，中间等分 180 份，每 1 份称为 1 华氏度，记为 1 °F。在华氏温标中，人的正常体温约为 98 °F。

- 摄氏温标中，规定标准大气压下，水开始结冰的温度为 0 摄氏度，水沸腾的温度为 100 摄氏度，中间等分 100 份，每 1 份称为 1 摄氏度，记为 1℃。在摄氏温标中，人的正常体温约为 36.5℃。

- 开尔文温标建立在绝对零度的基础上。科学家发现，宇宙存在一个最低的温度，即 − 273.15℃，这一温度不可到达，只能无限趋近，于是科学家将这一最低温称为绝对零度，规定为 0 开氏度，记为 0K。然后将标准大气压下，水开始结冰的温

度规定为 273.15K，水沸腾的温度规定为 373.15K。在开尔文温标中，人体正常体温约为 309.7K。

温度计

温度计是测量温度的工具。温度不是一个能够直观看到的物理量，因此温度的测量需要借助与温度有直接关系的物理现象来进行。比如中国古代有炉火纯青的记载，这就是通过观察火焰的颜色来测量火焰的温度。

再比如，图 8-2 所示的手持式红外线测温仪则是通过不同温度的物体的辐射差异来测量温度的。人体与其他生物体一样，自身也在向四周辐射释放红外线，其波长一般为 9 ～ 13μm。由于该波长范围内的光线不被空气所吸收，只要通过对人体自身辐射红外线进行测量就能准确地测定人体表面温度。人体红外温度传感器就是根据这一原理设计制作而成的。

除此以外，热胀冷缩现象也常被用于温度的测量，常见到的寒暑表、体温计等，都是利用液体受热体积膨胀、受冷体积收缩的原理来测量温度的。图 8-3 展示了一个常见的寒暑表，它利用酒精液体热胀冷缩的性质进行温度测量，图中显示的冬季白天温度为−17°C。

湿度

湿度是表示大气干燥程度的物理量。在一定的温度下，在一定体积的空气里含有的水蒸气越少，则空气越干燥；水蒸气越多，则空气越潮湿。空气的干湿程度叫作"湿度"。在天气预报中通常用相对湿度来报告湿度的数值，相对湿度是将空气中实际存在的水蒸气量，与相同温度下空气中可以容纳的最大水蒸气量相比，得到的百分数。图 8-4 展示了一个指针式温 / 湿度计，下方的指针指示了湿度值。

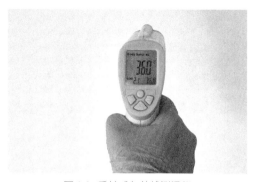

图 8-2　手持式红外线测温仪

图 8-3　寒暑表

图8-4 指针式温/湿度计

温/湿度传感器——Grove 温/湿度传感器 V2.0（DHT20）

温/湿度传感器顾名思义，就是可以检测环境中温度和湿度的传感器，温/湿度传感器的种类较多，我们选用的是 Grove 温/湿度传感器 V2.0（DHT20），如图8-5所示。这是一款低功耗、高精度、高稳定性的产品，具有完全校准的数字 I^2C 接口，测量温度范围为—40 ～ 80°C，温/湿度传感器在农业领域、环境保护、家居生活中具有非常大的用途。

Grove 温/湿度传感器（DHT11）

如果你使用的温/湿度传感器是 Grove 的 DHT11 版本（传感器外壳为蓝色，如图8-6所示），可在 Seeed Studio 的官网参考此版本的 Wiki 文档。DHT11 是一款已校准数字信号输出的温/湿度传感器，它与 DHT20 最大的区别为通信方式不同，DHT11 为单总线数字信号，DHT20 为 I^2C 信号。

在串口监视器读取温度和湿度值（基于 DHT20 传感器）

添加 Grove_Temperature_And_Humidity_Sensor 库文件

在开始用 Arduino IDE 给 Grove 温/湿度传感器编程之前，需要添加传感器必要的

图8-5 Grove 温/湿度传感器 V2.0（DHT20）

图8-6 Grove 温/湿度传感器（DHT11）

库文件。搜索关键字"Grove_Temperature_And_Humidity_Sensor github"（建议使用 Bing 搜索）进入 Grove_Temperature_And_Humidity_Sensor 的 GitHub 页面，单击"Code"→"Download ZIP"下载资源包 Grove_Temperature_And_Humidity_Sensor-master.zip 到本地。

在 Arduino IDE 菜单栏的"项目"→"包含库"→"添加 .ZIP 库…"中添加上一步下载的资源包直到看到库加载成功的提示。

打开 DHTtester 示例程序

成功添加库文件后，就可以使用 DHT 库了。通过以下路径在 Arduino IDE 打开 DHTtester 示例程序："文件"→"示例"→"Grove Temperature And Humidity Sensor"→"DHTtester"。

⚠ 注意

如果安装库文件后，在菜单里没有找到
DHTtester 示例程序，可以关闭 Arduino IDE 后
再重新打开，就能看到它了。

打开示例程序后，我们可以看到如下程序，
程序实现的功能是读取环境中的温度和相对湿
度信息，并在串口监视器显示实时数据。示例
程序的部分内容需要修改。

```
// 多种 DHT 温 / 湿度传感器示例程序
#include "DHT.h"
// 将你用的传感器取消注释
// DHT 11
//#define DHTTYPE DHT11
// DHT 22  (AM2302)
#define DHTTYPE DHT22
// DHT 21 (AM2301)
//#define DHTTYPE DHT21
// DHT 10
//#define DHTTYPE DHT10
// DHT 20
//#define DHTTYPE DHT20
/* 提示: DHT10 和 DHT20 区别于其他传感
器, 使用 I²C 协议 */
/* 所以不需要给它们分配引脚 */
// 定义 DHT 传感器引脚
#define DHTPIN 2
// DHT11 DHT21 DHT22
DHT dht(DHTPIN, DHTTYPE);
// DHT10、DHT20不需要定义引脚
//DHT dht(DHTTYPE);
// 多种 DHT 温 / 湿度传感器示例程序

#include "DHT.h"

// 将你用的传感器取消注释
// DHT11
//#define DHTTYPE DHT11
// DHT22  (AM2302)
#define DHTTYPE DHT22
// DHT21 (AM2301)
//#define DHTTYPE DHT21
// DHT10
//#define DHTTYPE DHT10
```

```
// DHT20
//#define DHTTYPE DHT20

/* 提示 :DHT10 和 DHT20 区别于其他传感
器, 使用 I²C 协议 */
/* 所以不需要给他们分配引脚 */
// 定义 DHT 传感器引脚
#define DHTPIN 2
// DHT11、DHT21、DHT22
DHT dht(DHTPIN, DHTTYPE);
// DHT10、DHT20 不需要定义引脚
//DHT dht(DHTTYPE);

// 连接传感器左侧引脚 pin 1 到 +5V
// 连接传感器引脚 pin 2 到定义的传感
器引脚 DHTPIN 上
// 连接传感器右侧引脚 pin 4 到 GND
// 在传感器 pin 2 和 pin 1 之间连接
10kΩ 电阻

#if   defined(ARDUINO_ARCH_AVR)
    #define debug   Serial

#elif   defined(ARDUINO_ARCH_SAMD)
||   defined(ARDUINO_ARCH_SAM)
    #define debug   SerialUSB
#else
    #define debug   Serial
#endif

void setup() {

    debug.begin(115200);
    debug.println("DHTxx test!");
    Wire.begin();

    /* 如果使用 WIO Link, 必须将电源
上拉 */
    // pinMode(PIN_GROVE_POWER,
OUTPUT);
    // digitalWrite(PIN_GROVE_
POWER, 1);

    dht.begin();
}
```

```
void loop() {
    float temp_hum_val[2] = {0};
    // 传感器感知温度、湿度约需 250ms
    // 传感器读数也至少要 2s 之久（这
是一款非常慢的传感器）
    if (!dht.readTempAndHumidi-
ty(temp_hum_val)) {
        debug.print("Humidity: ");
        debug.print(temp_hum_val[0]);
        debug.print(" %\t");
        debug.print("Temperature: ");
        debug.print(temp_hum_val[1]);
        debug.println(" *C");
    } else {
        debug.println("Failed
to get temprature and
humidity value.");
    }

    delay(1500);
}
```

注意其中的注释，上面的程序提供了多种温 / 湿度传感器型号（默认是 DHT22），我们需要的是 DHT 20，所以要将 DHT 20 部分去掉注释，并删除其他不需要的温 / 湿度传感器型号的定义部分。DHT10 和 DHT20 不需要定义引脚，所以定义部分修改后的程序如下。

```
#include "DHT.h"    // 导入 DHT 库
// 设置 DHT 型号为 DHT20
#define DHTTYPE DHT20
// 创建 DHT 对象
DHT dht(DHTTYPE);
#if defined(ARDUINO_ARCH_AVR)
// AVR 芯片使用 Serial
#define debug  Serial
#elif defined(ARDUINO_ARCH_SAMD)
|| defined(ARDUINO_ARCH_SAM)
// SAMD 或 SAM 芯片使用 SerialUSB
#define debug  SerialUSB
#else
// 其他芯片使用 Serial
#define debug  Serial
#endif
```

```
void setup() {
    // 设置串口波特率为 115200
    debug.begin(115200);
    // 打印测试信息
    debug.println("DHTxx test!");
    // 启动 Wire 库（仅限 I²C）
    Wire.begin();
    dht.begin();    // 启动 DHT
}

void loop() {
// 创建数组以存储温度和湿度值
float temp_hum_val[2] = {0};
    // 如果读取成功
if (!dht.readTempAndHumidity
(temp_hum_val)) {
        debug.print("Humidity: ");
// 打印湿度标签
        debug.print(temp_hum_
val[0]);    // 打印湿度值
        debug.print(" %\t");
// 打印单位
        debug.print("Temperature: ");
        // 打印温度标签
        debug.print(temp_hum_
val[1]);    // 打印温度值
        debug.println(" *C");
// 打印单位
    } else {    // 如果读取失败
        debug.println("Failed to
get temprature and humidity val-
ue.");    // 打印错误信息
    }
    delay(1500);    // 等待 1.5s
}
```

此程序在资源包内的 L8_DHTtester_DHT20_XIAO 文件夹中。

修改完程序，先将温 / 湿度传感器接入 XIAO 扩展板的 I²C 接口，如图 8-7 所示。然后将 XIAO 开发板与计算机连接，在 Arduino IDE 中将修改后的程序上传至 XIAO，在 Arduino IDE 中打开串口监视器，就可以看到温度和湿度的数值了。你可以将温 / 湿度传感器置于不同的环境下，看看温度和湿度值会不会发生变化。

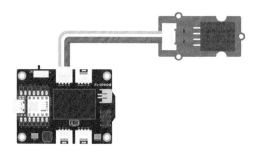

图 8-7 将 Grove 温 / 湿度传感器 V2.0（DHT 20）接
入 XIAO 扩展板的 I²C 接口

在串口监视器读取温度和湿度值（基于 DHT11 传感器）

如果你使用的是蓝色外壳的 Grove DHT11
温 / 湿度传感器，程序的部分内容需要做以下
修改。

#define DHTPIN 0，需要根据温 / 湿度
传感器实际连接的引脚号去修改参数。

#define DHTTYPE DHT11，因为温 /
湿度传感器有不同型号，需要选择正确的型
号—— DHT11。

修改后的程序如下。

```
#include "DHT.h"  // 导入 DHT 库
// 使用 DHT11 传感器
#define DHTTYPE DHT11
// DHT11 数据引脚连接到 D0
#define DHTPIN 0
// 创建 DHT 对象
DHT dht(DHTPIN, DHTTYPE);
// 定义调试串口
#if defined(ARDUINO_ARCH_AVR)
    #define debug  Serial
#elif defined(ARDUINO_ARCH_SAMD)
|| defined(ARDUINO_ARCH_SAM)
    #define debug  SerialUSB
#else
    #define debug  Serial
#endif
void setup() {
    // 开启调试串口并设置波特率为
115200
```

```
debug.begin(115200);
    debug.println("DHTxx test!");
// 打印测试信息
    // 初始化 I²C 总线
    Wire.begin();
    // 启动 DHT 传感器
    dht.begin();
}
void loop() {
    // 存放温 / 湿度数据的数组
float temp_hum_val[2] = {0};
    // 读取温 / 湿度数据
if (!dht.readTempAndHumidity
(temp_hum_val)) {
        // 打印湿度值
debug.print("Humidity: ");
        debug.print(temp_hum_
val[0]);
        debug.print(" %\t");
    debug.print("Temperature: ");
// 打印温度值
        debug.print(temp_hum_val
[1]);
        debug.println(" *C");
    } else {
        debug.println("Failed to
get temprature and humidity val-
ue.");   // 如果读取失败则打印错误信息
    }
    // 等待 1.5s 再进行下一次读取
delay(1500);
}
```

此程序在资源包内的 L8_DHTtester_
DHT11_XIAO 文件夹中。

修改完程序，先将温 / 湿度传感器接入
XIAO 扩展板的 **A0** 引脚，如图 8-8 所示。然
后将 XIAO 开发板与计算机连接，在 Arduino
IDE 中将修改后的程序上传至 XIAO，在
Arduino IDE 中打开串口监视器，就可以看到
温度和湿度的数值了。你可以将温 / 湿度传感
器置于不同的环境下，看看温度和湿度值会不
会发生变化。

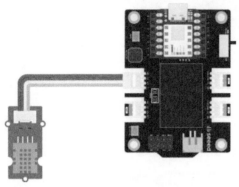

图 8-8 将 Grove 温 / 湿度传感器 （DHT11）接入
XIAO 扩展板的 A0 引脚

项目制作：智能温 / 湿度仪

项目描述

　　本项目旨在制作一款便携式温 / 湿度检测仪，通过传感器获取数据，在 XIAO 扩展板的 OLED 显示屏上显示。增设蜂鸣器报警功能，当温 / 湿度超过设定范围时发出警报。范围可根据场景调整，如家居舒适度或植物生长需求等。

程序编写

　　参考上面的示例程序，我们想要实现的效果之一是将温 / 湿度数值显示在 XIAO 扩展板的 OLED 显示屏上，由于只是换了一个显示的媒介，读取温 / 湿度传感器检测数值的程序可以复用。再结合在第 6 课中，我们学习过如何让 OLED 显示屏显示字符，所以只要加上一个 if...else...条件判断语句对温度和湿度值进行判断即可。

　　程序编写思路如下。
- 声明需要调用的 DHT.h 库、U8x8 库等，连接蜂鸣器引脚，蜂鸣器作为提醒发声装置。
- 初始化库文件，定义蜂鸣器引脚状态。
- 定义温 / 湿度变量以存储读数，并显示在 OLED 显示屏上，加入逻辑判断，实现蜂鸣器报警。

　　为了便于理解和实施，我们将程序实现分为两个任务。
- 检测温度和湿度并显示到 XIAO 扩展板的 OLED 显示屏上。
- 加入报警功能。

任务 1：使用 Grove DHT20 温 / 湿度传感器检测温度和湿度，并将结果显示到 XIAO 扩展板的 OLED 显示屏上

　　完整程序如下。

```
#include "DHT.h"  // 引入 DHT.h 库
#include <Arduino.h>
// 引入 U8x8 库
#include <U8x8lib.h>

// 定义 DHT 类型为 DHT20
#define DHTTYPE DHT20
DHT dht(DHTTYPE);  // DHT 实例化

// 设置构造函数连接 OLED 显示屏
U8X8_SSD1306_128X64_NONAME_HW_I2C
u8x8(/* reset=*/ U8X8_PIN_NONE);
void setup() {
  // 初始化 Wire 库，加入 I²C 网络
  Wire.begin();
  dht.begin();  // DHT 开始工作
  u8x8.begin();  // OLED 开始工作
  // 关闭省电模式，1 代表打开，打开省
电模式后显示屏将不显示任何东西
  u8x8.setPowerSave(0);
  // 设置 OLED 显示屏翻转模式
  u8x8.setFlipMode(1);
}

void loop() {
  // 定义变量 temp 和 humi 为浮点数
型，分别表示温度和湿度
  float temp, humi;
  // 读取温度值并存储在 temp 中
  temp = dht.readTemperature();
  // 读取湿度值并存储在 humi 中
  humi = dht.readHumidity();
  // 设置显示字体
u8x8.setFont(u8x8_font_chroma-
```

```
48medium8_r);
// 设置绘制光标的位置 (0, 33)
  u8x8.setCursor(0, 33);
  // 在 (0, 33) 的位置显示 "Temp"
  u8x8.print("Temp:");
  // 接着显示实时温度值
  u8x8.print(temp);
  //接着显示温度的单位 (这里用 C 表示˚C)
  u8x8.print("C");
  u8x8.setCursor(0,50);
  // 在 (0, 50) 的位置显示 "Humidity"
  u8x8.print("Humidity:");
  // 接着显示实时湿度值
  u8x8.print(humi);
  // 接着显示湿度的单位 "%"
 u8x8.print("%");
  // 刷新显示屏
u8x8.refreshDisplay();
  delay(200);  // 延迟 200ms
}
```

此程序在资源包内的 **L8_dht20_tem_humi_XIAO** 文件夹中。

将温 / 湿度传感器接入 XIAO 扩展板的 I²C 接口，用 USB 线将 XIAO 接入计算机，在 Arduino IDE 中单击 （上传）按钮，将程序上传到硬件中，当调试窗口显示 "上传成功" 即可，观察 OLED 显示屏上是否显示了温度和湿度值，可以用手掌握住传感器的黑色部分，观察数值是否有变化。

任务 2：加入报警功能

要想实现报警功能，需要在电路中接入蜂鸣器，可以借助 XIAO 扩展板的板载蜂鸣器。在程序上需要设置蜂鸣器引脚状态，加入条件判断的部分，当温度大于一定值或者湿度小于一定值时，蜂鸣器发出报警声，这里需要写一个逻辑表达式，用到逻辑运算符 "&&"（与）。

知识窗

布尔运算符

&&：逻辑与，表示 "和"，if（表达式 1 && 表达式 2），当括号中的所有表达式均为 **true** 时，才会执行 **if{}** 中的语句。

||：逻辑或，表示 "或"，if（表达式 1 || 表达式 2），满足括号中的一个表达式，整个表达式为 **true**，并执行 **if{}** 中的语句。

!：逻辑 NOT，表示 "非"，if（! 表达式 1），当括号中表达式 1 的值为 **false** 时，才会执行 **if{}** 中的语句。

在此任务中，温度值大于 30 或者湿度值小于 40，满足其中之一即执行蜂鸣器发出报警声的程序。

完整程序如下。

```
#include "DHT.h"   // 使用 DHT.h 库
#include <Arduino.h>
// 使用 U8x8 库
#include <U8x8lib.h>
#define DHTTYPE DHT20
//DHT20 不需要定义引脚
DHT dht(DHTTYPE);
// 定义蜂鸣器引脚为 A3
int buzzerPin = A3;
// 设置构造函数连接 OLED 显示屏
U8X8_SSD1306_128X64_NONAME_HW_I2C
u8x8(/* reset=*/ U8X8_PIN_NONE);
void setup() {
  // 设置蜂鸣器引脚为输出状态
  pinMode(buzzerPin, OUTPUT);
  // 初始化 Wire 库 ，并且加入 I²C 网络
  Wire.begin();
  dht.begin();   //DHT 开始工作
  u8x8.begin(); //u8x8 开始工作
  // 关闭省电模式，1 代表打开，打开省电
模式后显示屏将看不到任何东西
  u8x8.setPowerSave(0);
  // 翻转显示屏 (0 代表关闭，1 是代表打开)
  u8x8.setFlipMode(1);
}
void loop() {
  // 设置变量 temp 和 humi 为浮点数型，
分别表示温度和湿度
float temp, humi;
  // 读取温度值并存储在 temp 中
```

```
temp = dht.readTemperature();
// 读取湿度值并存储在 humi 中
humi = dht.readHumidity();
// 温度值大于 30 或者湿度值小于 40，满
足其中之一即执行蜂鸣器发出报警声的程序
  if (temp > 30 || humi < 40) {
  tone(buzzerPin, 200, 200);
}
// 设置显示字体
u8x8.setFont(u8x8_font_chroma-
48medium8_r);
// 设置绘制光标的位置 (0, 33)
u8x8.setCursor(0, 33);
// 在 (0, 33) 的位置显示 "Temp:"
u8x8.print("Temp:");
// 接着显示实时温度值
u8x8.print(temp);
// 接着显示温度的单位 (这里用 C 表示 ℃)
u8x8.print("C");
u8x8.setCursor(0,50);
// 在 (0, 50) 的位置显示 "Humidity:"
u8x8.print("Humidity:");
// 接着显示实时湿度值
u8x8.print(humi);
// 接着显示湿度的单位 "%"
u8x8.print("%");
// 刷新显示屏
u8x8.refreshDisplay();
delay(200); // 延迟 200ms
}
```

此程序在资源包内的 L8_dht20_alarm_XIAO 文件夹中。

编写好程序后，将 XIAO 开发板用 USB 线连接至计算机，连接好后，将程序上传到硬件中，当调试窗口显示"上传成功"即可。为了验证报警功能是否顺利运行，我们用手掌紧紧握住温 / 湿度传感器，观察 OLED 显示屏上的数值变化，当温度超过 30℃时，听听蜂鸣器有没有报警。硬件连接及运行效果如图 8-9 所示。

使用 Grove DHT11 温 / 湿度传感器将温 / 湿度信息显示到 XIAO 扩展板的 OLED 显示屏并加入报警功能

如果使用的是蓝色外壳的 Grove DHT11温 / 湿度传感器，程序如下。

```
#include "DHT.h"// 使用 DHT.h 库
#include <Arduino.h>
#include <U8x8lib.h>// 使用 U8x8 库
#define DHTPIN 0
#define DHTTYPE DHT11// 指定使用 DHT11
DHT dht(DHTPIN, DHTTYPE);
int buzzerPin = A3;
U8X8_SSD1306_128X64_NONAME_HW_
I2C u8x8(/* reset=*/ U8X8_PIN_
NONE);// 设置构造函数连接 OLED 显示屏
void setup() {
```

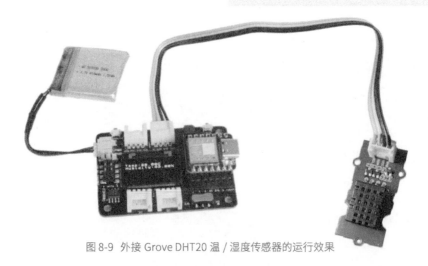

图 8-9 外接 Grove DHT20 温 / 湿度传感器的运行效果

```
// 设置蜂鸣器引脚为输出状态
pinMode(buzzerPin, OUTPUT);
// 初始化 Wire 库，并且加入 I²C 网络
Wire.begin();
  dht.begin();  // DHT 开始工作
  u8x8.begin();  // u8x8 开始工作
  // 关闭省电模式，1 代表打开，打开省电
模式后显示屏将看不到任何东西
  u8x8.setPowerSave(0);
  // 设置反转模式，1 代表打开
  u8x8.setFlipMode(1);
}
void loop() {
// 设置变量 temp 和 humi 为浮点数型，分
别表示温度和湿度
  float temp, humi;
  // 读取温度值并存储在 temp 中
  temp = dht.readTemperature();
  // 读取湿度值并存储在 humi 中
  humi = dht.readHumidity();
  // 温度大于 30 或者湿度小于 40，满足
其中之一即执行蜂鸣器发出报警声的程序
  if (temp > 30 || humi < 40) {
    // 蜂鸣器发出声音
    tone(buzzerPin, 200, 200);
  }
  u8x8.setFont(u8x8_font_chroma-
48medium8_r);  // 设置显示字体
  // 设置绘制光标的位置（0, 33）
  u8x8.setCursor(0, 33);
  // 在（0, 33）的位置显示 "Temp:"
  u8x8.print("Temp:");
  // 接着显示实时温度值
  u8x8.print(temp);
  // 接着显示温度的单位（这里用 C 表示
℃）
  u8x8.print("C");
  // 设置绘制光标的位置（0, 50）
  u8x8.setCursor(0,50);
  // 在（0,50）的位置显示 "Humidity:"
  u8x8.print("Humidity:");
  // 接着显示实时湿度值
  u8x8.print(humi);
  // 接着显示湿度的单位 "%"
  u8x8.print("%");
  // 刷新显示屏
```

```
  u8x8.refreshDisplay();
  // 延迟 200ms
  delay(200);
}
```

此程序在资源包内的 L8_dht11_alarm_
XIAO 文件夹中。

外观设计

本节课开始，我们要加入外观设计的部分，
开始探索完整的原型产品制作。初期，我们可
以先尝试画出设计图，以及用手中现有的材料
进行简单的改造。回到本节课的智能温 / 湿度
仪，请大家根据产品特征、功能，设计出原型
作品的外观。

产品名称： 智能温 / 湿度仪。
产品特征： 小巧、方便携带、灵敏度高。
产品功能： 实时显示温度和湿度值，如果
温度和湿度值超出舒适范围，则发出报警声。
产品外观： 可以做成挂饰挂到随身携带的
背包上，粘在卧室里的纸巾收纳盒上等，参考
案例如图 8-10 所示。

图 8-10 使用笔筒作为支撑结构的智能温 / 湿度仪的
外观方案

第 9 课 基于光传感器的惊喜礼盒

如果想在朋友过生日时送她 / 他一个特别的生日礼物，不用花钱买，用我们手上的模块就可以做一个。本节课，我们一起来制作一个送给好朋友的惊喜礼盒，当她 / 他打开礼盒的时候，会出现什么惊喜呢？想要完成这样一个惊喜礼盒，要用到什么模块呢？让我们带着问题，开始本课的学习。

背景知识

光传感器

光传感器可以检测周围环境中的光照强度，并将检测到的光能转化为电能。光传感器有光敏电阻型、光电二极管型和光电晶体管型几种。这里简单介绍两种常用的光传感器：光敏电阻型光传感器和光电二极管型光传感器。

光敏电阻型光传感器

首先是光敏电阻型光传感器，其模块集成了一个光敏电阻，如图 9-1 所示，光敏电阻对光线极其敏感，只要是我们人眼可见的光都可以引起它的反应。高强度的光照会导致其电阻值降低，而低强度的光照会导致其电阻值增高，通过光照强度来调节电路中接入的电阻值，从而控制其他的设备，比如控制 LED 亮灭。

光电二极管型光传感器

光电二极管型光传感器又叫光电传感器、光电探测器，当一束光线撞击二极管时，管中的电子会迅速散开形成电子空穴，从而产生电流，光照越强，电流越强，光电二极管产生的电流与光照强度成正比，因此对于需要快速改变光响应的光检测来说非常有利。如图 9-2 所示，本节课我们要用到的光传感器就是这一类型的。

再来看光传感器的用途，我们可以通过光传感器构建光控开关，通过光传感器控制灯在白天打开，在夜间关闭。光控设备的主要目的是节约能源，通过智能自动化的手段提高效率。生活中最常见的光控设备大概就是光控灯了，如光控台灯、光控路灯、公路隧道照明灯等，

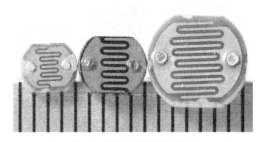

图 9-1 光敏电阻型光传感器

图 9-2 Grove 光电二极管型光传感器

这些设备在为我们的生活带来便利的同时也对环保节能做出贡献。

RGB LED 灯带

本课项目搭配光传感器使用的是 RGB LED 灯带，灯带上集成了多颗可调色灯珠，比起单个 LED，它能够实现更多的亮灯效果和酷炫的视觉冲击，非常适合制造惊喜。RGB LED 灯带有多种样式和型号，我们所要用到的是 Grove –WS2813 RGB LED 灯带，它有 30 颗灯珠，如图 9-3 所示。我们可以通过程序控制 RGB LED 灯带实现丰富的灯光效果，构建有趣的亮灯项目。要想玩转 RGB LED 灯带，我们先从安装和了解它的库开始。

图 9-3 Grove–WS2813 RGB LED 灯带

添加 Adafruit_NeoPixel 库文件

在开始用 Arduino IDE 给 RGB LED 灯带编程之前，需要添加必要的库文件。搜索"adafruit/Adafruit_NeoPixel"，进入 Adafruit NeoPixel Library 的 GitHub 页面，单击"Code"→"Download ZIP"下载资源包 Adafruit_NeoPixel-master.zip 到本地。

在 Arduino IDE 菜单栏的"项目"→"包含库"→"添加 .ZIP 库…"中添加上一步下载的资源包，直到看到库加载成功的提示。

打开 simple 示例程序

在 Arduino IDE 通过以下路径打开 simple 示例程序："文件"→"示例"→"Adafruit NeoPixel"→"simple"，打开示例程序后，我们可以看到如下程序。

```
// LED 灯带示例程序
#include <Adafruit_NeoPixel.h>
#ifdef __AVR__
// 16 MHz Adafruit Trinket
#include <avr/power.h>
#endif

// 定义 LED 灯带接在开发板上的引脚
#define PIN 6

// LED 灯带上灯珠的数量
#define NUMPIXELS 16

// 实例化 LED 灯带
Adafruit_NeoPixel pixels(NUMPIXELS,
PIN, NEO_GRB + NEO_KHZ800);

#define DELAYVAL 500

void setup() {
    // 下面几行专用于 Adafruit Trinket 5V 16
MHz.
    // 如果是其他的开发板，可以删去下面
几行（留着也没坏处）：
    #if defined(__AVR_ATtiny85__)
&& (F_CPU == 16000000)
    clock_prescale_set(clock_
div_1);
    #endif
    // 适用于 Trinket 的几行代码结尾

// 初始化 LED 灯带 ( 所有开发板都需要 )
pixels.begin();
}

void loop() {
// 设置所有颜色 LED 灯珠关闭
pixels.clear();
```

```
// 第一条灯带的第一个灯珠号是 0,第二个
是 1……依次增加,直到最后一条灯带的最后
一颗灯珠
// 循环渲染每一颗灯珠
for(int i=0; i<NUMPIXELS; i++) {

        // pixels.Color() 的参数为灯珠颜色,
从 (0,0,0) 到 (255,255,255)
        // 此处我们使用深绿色
        pixels.setPixelColor(i,
pixels.Color(0, 150, 0));
        pixels.show();
        delay(DELAYVAL);
    }
}
```

程序实现的效果是依次点亮灯带的 30 颗灯珠(绿灯),这是一个简单的灯带示例程序,我们需要修改部分参数。

#define PIN 0,要根据实际情况修改灯带连接的引脚,我们要把它连接至 XIAO 扩展板 **A0** 引脚,所以是 **PIN 0**。

#define NUMPIXELS 30,定义灯带的 LED 数量,不同型号的灯带,集成的灯珠数量不同,我们用的是 30 颗灯珠的灯带,所以这里是 **NUMPIXELS 30**。

修改完参数后,为了更清晰地查看程序,我们可以将注释删掉,它占据了非常大的篇幅。修改后的程序如下。

```
// 头文件,声明库
#include <Adafruit_NeoPixel.h>
#ifdef __AVR__
#include <avr/power.h>
#endif
// 灯带连接 0 号引脚,如果你使用 XIAO
RP2040,请将 0 修改为 A0
#define PIN 0
// 灯带的 LED 数量
#define NUMPIXELS 30
Adafruit_NeoPixel pixels(NUMPIX-
ELS, PIN, NEO_GRB + NEO_
KHZ800);// 新建灯带对象,定义数据模式
// 每颗灯珠点亮的间隔时间
```

```
#define DELAYVAL 500
void setup() {
    #if defined(__AVR_ATtiny85__)
&& (F_CPU == 16000000)
    clock_prescale_set(clock_
div_1);
    #endif
// 灯带准备输出数据
    pixels.begin();
    void loop() {
// 灯带熄灭全部灯珠
        pixels.clear();
        for(int i=0; i<NUMPIXELS;
i++) {
// 依次点亮灯珠,颜色为绿色
            pixels.setPixelCol-
or(i, pixels.Color(0, 150, 0));
// 灯带显示
            pixels.show();
            delay(DELAYVAL);
    }
    }
```

此程序在资源包内的 L9_NeoPixel30_simple_XIAO 文件夹中。

在 上 面 的 程 序 中,**pixels.Color(0,150,0)** 是设置灯带 LED 颜色的函数,括号中的数字分别代表红、绿、蓝三原色的亮度,**(0,150,0)** 代表红色亮度为 **0**,绿色亮度为 **150**,蓝色亮度为 **0**,整个灯带会呈现绿色的效果,数字越大,亮度越大,最大为 **255**。接着,将灯带连接至 XIAO 扩展板的 **A0/D0** 接口,如图 9-4 所示。

图 9-4　灯带与 XIAO 扩展板连接

用 USB 线将 XIAO 开发板连接至计算机，并将程序上传至开发板，上传成功后，观察灯带的效果。

灯带可以亮起不同的颜色，还能实现闪烁、呼吸灯等各种灯效，我们可以通过以下路径打开并参考库中的 buttoncycler 示例程序："文件" → "示例" → "Adafruit NeoPixel" → "buttoncycler"，该示例程序可实现通过按钮对灯带进行不同灯效的切换，我们可以在其中找到实现各种灯效的程序，比如闪烁、彩虹灯、追逐灯等。

项目制作：惊喜礼盒

项目描述

惊喜礼盒的程序想要实现的效果是：用光传感器来控制 RGB LED 灯带的亮灭，就像光控灯一样，不过效果相反，当光传感器检测到的值小于固定值，也就是处于昏暗的环境时，RGB LED 灯带灭；当光传感器检测到的值大于固定值，也就是处于明亮的环境时，RGB LED 灯带亮起彩虹灯。

程序编写

程序的编写思路如下。
- 声明需要调用的文件，新建灯带对象，定义传感器引脚和灯带 LED 数量。
- 初始化灯带，设置光传感器引脚模式。
- 读取光采样值，如果光采样值大于100，则灯带呈现彩虹灯及呼吸灯效果，否则灯带熄灭。
程序分为两个任务来完成。
- 实现灯带呈现彩虹灯及呼吸灯效果。
- 加入光控开关功能。

任务 1：实现灯带呈现彩虹灯及呼吸灯效果

程序如下。

```
#include <Adafruit_NeoPixel.h>//
头文件，声明库
#ifdef __AVR__
#include <avr/power.h>
#endif

// 灯带连接 A0 引脚，如果你使用 XIAO
RP2040，请将 0 修改为 A0
#define PIXEL_PIN 0
// 灯带的 LED 数量
#define PIXEL_COUNT 30
// 声明灯带对象，定义数据模式
Adafruit_NeoPixel strip(PIXEL_
COUNT, PIXEL_PIN, NEO_GRB + NEO_
KHZ800);
void setup() {
// 初始化灯带，灯带准备输出数据
  strip.begin();
}
void loop() {
// 灯带熄灭全部灯珠
  strip.clear();
// 灯带显示彩虹灯效果，括号中的数字代表
彩虹灯流转的速度，数字越小，流转速度越快
  rainbow(10);
}
// 以下为实现彩虹灯效果的程序，呈现呼吸
灯效果的程序可以在示例程序 buttoncy-
cler 中找到
void rainbow(int wait) {
  for(long firstPixelHue = 0;
firstPixelHue < 3*65536; firstPix-
elHue += 256) {
    for(int i=0; i<strip.numPix-
els(); i++) {
    int pixelHue = firstPixelHue +
(i * 65536L / strip.numPixels());
        strip.setPixelCol-
or(i, strip.gamma32(strip.Col-
orHSV(pixelHue)));
    }
    strip.show(); // 灯带呈现灯效
    delay(wait);  // 延迟
  }
}
```

此程序在资源包内的 L9_Rainbow_XIAO 文件夹中。

将 RGB LED 灯带接入 XIAO 扩展板的 **A0/D0** 接口，用 USB 线将 XIAO 接入计算机，将程序上传到硬件中，当调试窗口显示"上传成功"即可，观察灯带的灯光效果。

任务 2: 加入光控开关功能

加入的功能主要是读取光传感器检测的返回值（称之为光采样值），并通过 if...else...语句对光采样值进行判断，当光采样值大于100（该值可根据实际环境进行调整）时，RGB LED 灯带呈现彩虹呼吸灯效果。

程序如下。

```
// 头文件，声明库
#include <Adafruit_NeoPixel.h>
#ifdef __AVR__
#include <avr/power.h>
#endif
// 定义光传感器连接至 A7，如果你使用
XIAO RP2040，请将 7 修改为 A3，如果你使
用 XIAO BLE，请将 7 修改为 5
#define LIGHT_PIN 7
// 灯带连接 A0 引脚，如果你使用 XIAO
RP2040，请将 0 修改为 A0
#define PIXEL_PIN 0
// 灯带的 LED 数量
#define PIXEL_COUNT 30
// 定义变量 readValue，存储光采样值
int readValue = 0;
// 声明灯带对象，定义数据模式
Adafruit_NeoPixel strip(PIXEL_
COUNT, PIXEL_PIN, NEO_GRB + NEO_
KHZ800);
void setup() {
// 初始化灯带，灯带准备输出数据
  strip.begin();
// 设置光传感器的引脚为输入状态
  pinMode(LIGHT_PIN , INPUT);
}
void loop() {
  strip.clear();// 灯带熄灭全部灯珠
```

```
// 灯带显示彩虹灯效果，括号中的数字代表
彩虹灯流转的速度，数字越小，流转速度越快
  rainbow(10);
// 读取 A7 引脚的光采样值并存储在 read-
Value 变量中，如果你使用 XIAO RP2040，
请将 A7 修改为 A3，如果你使用 XIAO BLE，
请将 A7 修改为 A5
  readValue = analogRead(A7);
// 条件判断，如果光采样值大于 500，则灯
带呈彩虹灯效果，否则灯带熄灭
    if(readValue > 500){
        rainbow(10);
    }else {
        strip.clear();
        strip.show();
    }
}
// 以下为实现彩虹灯效果的程序，呈现呼吸灯
效果的程序可以在示例程序 buttoncycler 中
找到
void rainbow(int wait) {
  for(long firstPixelHue = 0;
firstPixelHue < 3*65536; firstPix-
elHue += 256) {
    for(int i=0; i<strip.numPix-
els(); i++) {
      int pixelHue = firstPixelHue
+ (i * 65536L / strip.numPix-
els());
        strip.setPixelCol-
or(i, strip.gamma32(strip.Col-
orHSV(pixelHue)));
    }
    strip.show(); // 灯带呈现灯效
    delay(wait);   // 延迟
  }
}
```

此程序在资源包内的 **L9_StripLight_XIAO** 文件夹中。

连接硬件并上传程序

首先将 RGB LED 灯带和将光传感器连接至 XIAO 扩展板的 **A0** 和 **A7** 引脚，如图 9-5 所示。

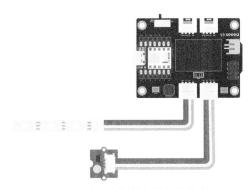

图 9-5 XIAO 扩展板连接灯带和光传感器

⚠ 注意

如果你使用的是 XIAO BLE，请将光传感器接入 XIAO 扩展板的 I²C 接口。

如果你使用的是 XIAO RP2040，由于引出的引脚有限，你需要自己使用杜邦线连接光传感器的 SIG 引脚和 XIAO RP2040 的 **A3** 引脚。

接下来用 USB 线将 XIAO 连接至计算机，在 Arduino IDE 里单击 ➡ （上传）按钮，将程序上传到硬件中，当调试窗口显示"上传成功"即可，我们可以用手捂上光传感器，再放开光传感器，观察灯带的变化。实物连接如图 9-6 所示。

⚠ 注意

因为灯带呈现灯效需要一定时间，所以当你捂上光传感器时，灯带不会马上熄灭。

外观设计

结合惊喜礼盒的程序设计，当光传感器处于昏暗的环境时，RGB LED 灯带灭；当光传感器处于明亮的环境时，RGB LED 灯带亮起彩虹灯。我们可以设想将电子部分放在一个封闭的盒子里，这样就能实现程序所设计的功能，也能符合礼物的定位。当然，你也可以有其他的设计。

产品名称：惊喜礼盒。

产品特征：灯效酷炫、可光控、可作为惊喜或生日礼物。

产品功能：用光传感器控制 RGB LED 灯带的亮灭。

产品外观：参考案例如图 9-7 所示。

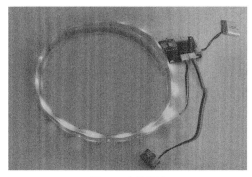

图 9-6 实物连接

图 9-7 一个惊喜礼盒的外观设计

第 10 课 借助三轴加速度计的律动炫舞

在使用智能手机或平板计算机时，我们注意到显示屏显示的内容会根据设备的横纵状态而自动翻转。玩一些赛车或飞行类游戏时，我们可以将手机或平板计算机作为方向盘，通过偏转设备机身进行转向。现在越来越普及的无人机大多能够通过检测和控制机身的姿态让自己飞行得很平稳。这些设计都离不开三轴加速度计。这一节课，我们将学习如何通过编程获取三轴加速度计的数据，并展示和控制这些数据。

背景知识

三轴加速度计

随着人们对健康的日益关注，越来越多的人开始佩戴手环、计步器，或使用手机记录行走步数，这已经成为很多人的生活习惯。那计步器到底是怎么工作的？现在的手机或手环，一般是借助一个非常小的芯片——三轴加速度计来实现计步功能的，这种三轴加速度计就是计步器的关键元器件。

加速度计是一种能够测量加速度的传感器。通常由质量块、阻尼器、弹性元件、敏感元件和适调电路等部分组成。传感器在加速过程中，通过对质量块所受惯性力的测量，利用牛顿第二定律获得加速度值。根据传感器敏感元件的不同，加速度计可分为多种类型，常见的类型有电容式、电感式、应变式、压阻式、压电式等。

电容式加速度计是基于电容原理的极距变化型的电容传感器，也是比较通用的加速度计。这种加速度计在某些领域无可替代，如安全气囊、手机移动设备等。电容式加速度计采用了微机电系统（MEMS）工艺，是一种利用微机电技术制作的能够测量 3 个方向上的加速度的传感器。它的原理是利用微型悬臂梁上的质量块在加速度作用下产生位移，从而改变悬臂梁

上的应力或电容，通过电路转换为可测量的信号，如图 10-1 所示。电容式加速度计在大量生产时变得非常经济，从而保证了较低的成本。

加速度计的应用

加速度计可以帮助机器人了解它身处的环境，是在爬山？还是在走下坡？有没有摔倒？对于平衡车或无人机，加速度计还可以帮助它保持平衡。

除了手机、手环等日常应用，加速度计在其他领域也获得了广泛应用。

- **设计地震检波器：** 地震检波器是用于地质勘探和工程测量的专用传感器，能把地震波引起的地面震动转换成电信号，这些电信号经过模数转换器被转换成二进制数据，可进行组织、存储、运算处理。
- **监测高压导线舞动：** 目前国内对导线舞

图 10-1 微机电系统（MEMS）工艺的三轴加速度计原理示意

动的监测多采用视频图像采集和运动加速度测量两种技术方案。在野外高温、高湿、严寒、浓雾、沙尘等天气条件下，前一种方案对视频设备的可靠性、稳定性要求很高，而且拍摄的视频图像效果也会受到影响，该方案在实际使用中只能作为辅助监测手段，无法定量分析导线运动参数；而后一种方案虽可定量分析导线某一点上下振动和左右摆动的情况，但只能测出导线直线运动的振幅和频率，对于复杂的圆周运动，则无法准确测量。

- **汽车安全：**加速度计主要用于汽车安全气囊、防抱死系统、牵引控制系统等。在汽车安全应用中，加速度计的快速反应非常重要。汽车安全气囊的弹出时间要迅速确定，所以加速度计必须在瞬间做出反应。采用可迅速达到稳定状态而不是振动不止的传感器来设计汽车安全气囊，可以缩短其反应时间。

- **无人机：**加速度计也是无人机控制、定位和稳定的关键部件之一。

- **游戏控制：**加速度计可以检测上下左右的倾角变化，因此通过前后倾斜手持设备来实现对游戏中物体的方向控制，就变得很简单。在很多新的游戏机手柄、VR 设备手柄中可以看到加速度计的身影。

- **图像自动翻转：**加速度计可用于检测手持设备的旋转动作及方向，实现所要显示图像的转正。

- **GPS 死区的补偿：**GPS 通过接收 3 颗呈120° 分布的卫星信号来最终确定物体的方位。在一些特殊的场合和地貌，如隧道、高楼或丛林地带，GPS 信号会变弱，甚至完全消失，这也就是所谓的死区。而加速度计可以进行系统死区的测量。对加速度进行一次积分，就变成了单位时间里的速度变化量，从而获得在死区内物体的移动情况信息。

- **计步器：**加速度计可以检测交流信号及物体的振动，人在走动的时候会产生一定规律的振动，而加速度计可以检测振动的过零点，从而计算出人行走的步数，再计算出人的位移。利用一定的公式，还可以计算出其消耗了多少卡路里的热量。

- **防抖与拍摄稳定器：**照相机的防抖功能就是用加速度计检测其振动 / 晃动幅度，当振动/晃动幅度过大时照相快门被锁住，使所拍摄的图像永远是清晰的。而拍摄稳定器则是用加速度计保持整个设备的稳定。

- **硬盘保护：**大家知道，硬盘在读取数据时，磁头与碟片之间的间距很小，因此外界的轻微振动就会对硬盘产生很坏的后果，使数据丢失。而加速度计可用于检测自由落体状态，当它检测到硬盘处于自由落体状态时，磁头复位，以降低硬盘的受损程度。

Grove 三轴加速度计模块

在我们的套件中，有一个三轴加速度计模块—— Grove 三轴加速度计模块，如图 10-2 所示。这个小得令人难以置信的三轴加速度计支持 I²C、SPI 和 ADC GPIO 接口，这意味着你可以选择任何方式把它连接到开发板上。此外，该加速度计还可以监控周围的温度，以调节由此引起的误差。

图 10-2 Grove 三轴加速度计模块

读取三轴加速度计 X、Y、Z 轴上的数值

使用三轴加速度计进行项目制作的关键就是要学会读取三轴加速度计在 X、Y、Z 轴上的数值。

添加 Seeed_Arduino_LIS3DHTR 库文件

在开始用 Arduino IDE 给 Grove 三轴加速度计编程之前,需要添加传感器必要的库文件。搜索关键字"Seeed-Studio/Seeed_Arduino_LIS3DHTR/",进入 Seeed_Arduino_LIS3DHTR 的 GitHub 页面,单击"Code"→"Download ZIP"下载资源包 Seeed_Arduino_LIS3DHTR-master.zip 到本地。

在 Arudino IDE 菜单栏的"项目"→"包含库"→"添加 .ZIP 库…"中添加上一步下载的资源包,直到看到库加载成功的提示。

打开示例文件

同样可参考库文件,通过以下路径打开 LIS3DHTR_IIC 示例程序:"文件"→"示例"→"Grove-3-Axis-Digital-Accelerometer-2g-to-16g-LIS3DHTR"→"LIS3DHTR_IIC",程序如下。

```
//#include "LIS3DHTR.h"
#include <Wire.h>
LIS3DHTR<TwoWire> LIS; //I²C
#define WIRE Wire
void setup()
{
  Serial.begin(115200);
  while (!Serial)
  {
  };
  LIS.begin(WIRE);
//初始化 I²C
// LIS.begin(WIRE, 0x19);
  LIS.openTemp();
//如果 ADC3 被使用,则关闭温度传感器
  // LIS.closeTemp();
  delay(100);
```

```
  // LIS.setFullScaleRange
(LIS3DHTR_RANGE_2G);
  // LIS.setFullScaleRange
(LIS3DHTR_RANGE_4G);
  // LIS.setFullScaleRange
(LIS3DHTR_RANGE_8G);
  // LIS.setFullScaleRange
(LIS3DHTR_RANGE_16G);
  // LIS.setOutputDataRate
(LIS3DHTR_DATARATE_1HZ);
  // LIS.setOutputDataRate
(LIS3DHTR_DATARATE_10HZ);
  // LIS.setOutputDataRate
(LIS3DHTR_DATARATE_25HZ);
  LIS.setOutputDataRate
(LIS3DHTR_DATARATE_50HZ);
  // LIS.setOutputDataRate
(LIS3DHTR_DATARATE_100HZ);
  // LIS.setOutputDataRate
(LIS3DHTR_DATARATE_200HZ);
  // LIS.setOutputDataRate
(LIS3DHTR_DATARATE_1_6KHZ);
  // LIS.setOutputDataRate
(LIS3DHTR_DATARATE_5KHZ);
//启用高精度
LIS.setHighSolution(true);
}
void loop()
{
  if (!LIS)
  {
    Serial.println("LIS3DHTR
didn't connect.");
    while (1)
      ;
    return;
  }
//三轴加速度
  // Serial.print("x:"); Serial.
print(LIS.getAccelerationX());
Serial.print("  ");
  // Serial.print("y:"); Serial.
print(LIS.getAccelerationY());
Serial.print("  ");
  // Serial.print("z:"); Serial.
println(LIS.getAccelerationZ());
```

```
//ADC
 // Serial.print("adc1:");
Serial.println(LIS.
readbitADC1());
 // Serial.print("adc2:");
Serial.println(LIS.
readbitADC2());
 // Serial.print("adc3:");
Serial.println(LIS.
readbitADC3());
//温度
 Serial.print("temp:");
 Serial.println(LIS.
getTemperature());
 delay(500);
}
```

该示例程序可以读取三轴加速度计在 X、Y、Z 轴上的数值并通过串口监视器输出，示例程序中用注释的方式提供了不同的设置选择，但需要我们手动选择如下需要的部分。

LIS.begin(WIRE); 初始化默认值，有 0×18 和 0×19 的选择，我们要选择 **LIS.begin(WIRE,0×19);**。

LIS.setOutputDataRate(LIS3DHTR_DATARATE_50HZ); 加速度计的输出速率有多种选择，这里选择 50Hz 即可。

三轴加速度计也可以监测环境温度，我们暂时不需要此功能，可以删除相关程序，完整程序如下。

```
#include "LIS3DHTR.h"// 声明库
#include <Wire.h>
LIS3DHTR<TwoWire> LIS;
#define WIRE Wire // 以上使用硬件 I²C
初始化模块
void setup()
{
 Serial.begin(9600);
 while (!Serial){ };// 如果打不开
串口监视器，程序将会停在此处
 LIS.begin(WIRE, 0x19); //I²C 初
始化默认值
 delay(100);
```

```
 LIS.setOutputDataRate(LIS3DHTR_
DATARATE_50HZ);// 将加速度计的输出速
率设置为 50Hz
}
void loop()
{
 if (!LIS) {
  Serial.println("LIS3DHTR
didn't connect.");
  while (1);
  return;
 }
 // 从传感器读取 X、Y、Z 轴的数值，并
显示在串口监视器上
 Serial.print("x:"); Serial.
print(LIS.getAccelerationX());
Serial.print("  ");
 Serial.print("y:"); Serial.
print(LIS.getAccelerationY());
Serial.print("  ");
 Serial.print("z:"); Serial.
println(LIS.getAccelerationZ());
 delay(500);
}
```

此程序在资源包内的 L10_LIS3DHTR_IIC_XIAO 文件夹中。

接下来，将三轴加速度计连接到 I²C 接口，XIAO 扩展板上有两个 I²C 接口，如图 10-3 所示。

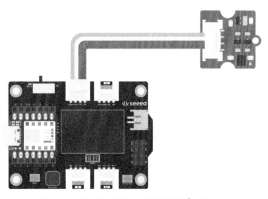

图 10-3 将三轴加速度计连接到 I²C 接口

通过串口监视器查看数据变化

将 XIAO 用 USB 线接入计算机,上传程序,待程序上传成功,打开串口监视器,在 X、Y、Z 轴的方向移动三轴加速度计,观察读数的变化。

用串口绘图仪查看数据变化

用数值的方式展示三轴加速度计数据变化显得很不直观,可以开启串口绘图仪,如图 10-4 所示。

项目制作:律动炫舞

项目描述

我们可以在项目中加入 RGB LED 灯带来实现酷炫的灯效变换,用三轴加速度计来检测运动情况,通过读取三轴加速度计在 X、Y、Z 轴的不同数值去触发不同的灯效。

程序编写

要想通过三轴加速度计控制 RGB LED 灯带变换灯效,需以下几步。

- 声明需要调用的库文件,定义灯带引脚和 LED 数量。
- 初始化三轴加速度计和灯带。
- 设置灯带的灯效为红、绿、蓝闪烁灯效,设置条件判断,通过读取三轴加速度计在 X、Y、Z 轴上的不同数值去控制灯效变化。

任务:通过三轴加速度计控制 RGB LED 灯带变换灯效

程序如下。

```
// 声明三轴加速度计的库文件
#include "LIS3DHTR.h"
// 声明灯带的库文件
#include <Adafruit_NeoPixel.h>
#ifdef __AVR__
#include <avr/power.h>
```

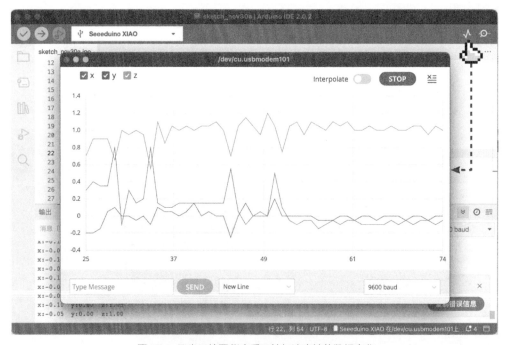

图 10-4 用串口绘图仪查看三轴加速度计的数据变化

```
#endif
// 以下为使用软件 I²C 或硬件 I²C 初始化
模块
#ifdef SOFTWAREWIRE
#include <SoftwareWire.h>
SoftwareWire myWire(3, 2);
LIS3DHTR<SoftwareWire> LIS;
#define WIRE myWire
#else
#include <Wire.h>
LIS3DHTR<TwoWire> LIS;
#define WIRE Wire
#endif

// 定义灯带的引脚，如果你使用 XIAO
RP2040/XIAO ESP32，请将 0 修改为 A0
#define PIXEL_PIN 0
// 定义灯带的 LED 数量为 30
#define PIXEL_COUNT 30
Adafruit_NeoPixel strip(PIXEL_
COUNT, PIXEL_PIN, NEO_GRB + NEO_
KHZ800);// 声明灯带对象，设置数据类型

void setup() {
// 初始化串口监视器
    Serial.begin(9600);
// 如果不打开串口监视器，程序将在此处停
止，因此请打开串口监视器
    while (!Serial) {};
//I²C 初始化
    LIS.begin(WIRE, 0x19);
    delay(100);
// 将加速度计的输出速率设置为 50Hz
    LIS.setOutputDataRate(LIS-
3DHTR_DATARATE_50HZ);
    strip.begin(); // 灯带开始工作
    strip.show(); // 灯带显示
}
void loop() {
// 检查三轴加速度计是否正确连接
    if (!LIS) {
        Serial.println("LIS3DHTR
didn't connect.");
        while (1);
        return;
    }
```

```
    if ((abs(LIS.getAccelerationX())
> 0.2)) {
      theaterChase(strip.Color(127,
0, 0), 50);// 灯带为红
    }
    if ((abs(LIS.getAccelerationY())
> 0.2)) {
      theaterChase(strip.Color(0,
127, 0), 50); // 灯带为绿
    }
    if ((abs(LIS.getAccelerationZ())
> 1.0)) {
      theaterChase(strip.Color(0, 0,
127), 50); // 灯带为蓝
    }
    else
    {
      strip.clear();
      strip.show();
    }

    // 从传感器读取 X、Y、Z 轴的数值，
并显示在串口监视器上
      Serial.print("x:"); Serial.
print(LIS.getAccelerationX());
Serial.print("  ");
      Serial.print("y:"); Serial.
print(LIS.getAccelerationY());
Serial.print("  ");
      Serial.print("z:"); Serial.
println(LIS.getAccelerationZ());

    delay(500);
}
// 设置 theaterChase，闪光灯效
void theaterChase(uint32_t color,
int wait) {
  for(int a=0; a<10; a++) {
    for(int b=0; b<3; b++) {
      strip.clear();
      for(int c=b; c<strip.
numPixels(); c += 3) {
        strip.setPixelColor(c,
color);
      }
```

```
        strip.show();
        delay(wait);
      }
    }
  }
```

此程序在资源包内的 **L10_Movement RGBLED_XIAO** 文件夹中。

连接硬件，上传程序

首先将 RGB LED 灯带接入 XIAO 扩展板的 **A0/D0** 接口，将三轴加速度计接入 I²C 接口，如图 10-5 所示。

用 USB 线将 XIAO 接入计算机，在 Arduino IDE 里单击 → （上传）按钮，将程序上传到硬件中，当调试窗口显示"上传成功"即可，打开串口监视器，尝试向左、右、上、下晃动三轴加速计，感受灯带的灯效变化。

外观设计

想象一下，当你挥动手臂热情炫舞的时候，如果有灯光随着舞步闪烁该有多酷，这就是律动炫舞的灵感来源，可以把装置和衣服或者配饰结合，做成可穿戴的样式。

产品名称：律动炫舞。

产品特征：可穿戴、灯效酷炫、可进行姿态检测。

产品功能：RGB LED 灯带根据三轴加速度计检测到的数值呈现不同灯效。

产品外观：可以将 RGB LED 灯带外面的防水层去掉，和衣服或者皮带缝制在一起等，参考案例如图 10-6 所示。

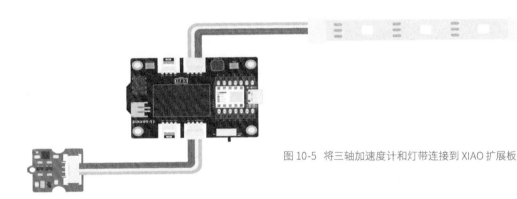

图 10-5 将三轴加速度计和灯带连接到 XIAO 扩展板

图 10-6 灯带将随着包的晃动闪烁变幻

第三单元
项目实践中级——复杂项目

本单元，我们将开展更加复杂及完整的项目，程序实现的效果及外观结构的设计将更趋向于成熟的作品。这些项目有小型化智能家居、可穿戴电子设备、交互型电子乐器，我们还会学习如何用 XIAO ESP32C3 实现 Wi-Fi 连接和应用，以及通过 MQTT 协议实现遥测与命令。前 3 个案例中包含激光切割设计图纸，可供大家参考。当然，除了项目中用到的椴木板，你也可以用瓦楞纸、卡纸等更加生活化的材料进行制作，不要局限于书中的案例，打开脑洞，设计出你想要呈现的作品吧！

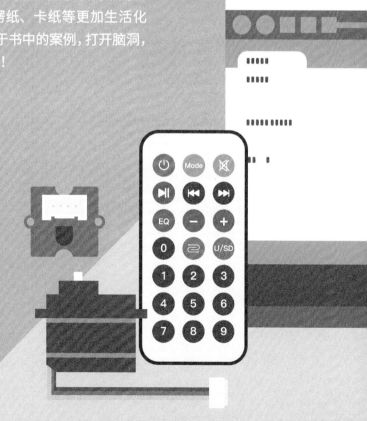

第 11 课 智能遥控门

在生活中，隐私和安全是每一个人都非常重视的事情。近年来，居住区的门越来越智能化，需要用电子钥匙或者密码才可以打开，这可以有效防止外人进入家中。有些停车场等公共区域的出入口，安装有智能遥控门，方便安保人员工作。使用红外发射器和红外接收器就可以实现对门的智能遥控，遥控端发射红外信号、门接收红外信号，从而实现开门和关门的功能。本节课，我们就制作一个这样的智能遥控门。

背景知识

红外接收器和发射器

红外接收器可以接收红外信号，它上面有一个红外检测器，用于获取红外发射器发出的红外线。Grove - IR 红外接收器模块（如图 11-1 所示）接收信号的距离是 10m，超过有效距离就无法接收到信号。一般情况下，红外接收器和红外发射器一起工作。

图 11-1 Grove - IR 红外接收器模块

红外发射器是一种遥控设备，它通过红外线发射管在一定范围内向外发射光线，从而达到控制设备的作用。生活中我们用来控制电视、空调、车门的遥控器就是红外发射器，图 11-2 所示的 Grove - Infrared Emitter 红外发射器模块是一种模块化的红外发射器，图 11-3 所示的红外遥控器也是常见的红外发射器，它们各有对应的使用场景和方法。我们要制作智能遥控门，用到的就是红外遥控器。

简单来讲，红外发射和接收原理是红外发射端的输入信号经放大后送入红外发射管发射出去，红外接收端将接收到的红外信号由放大器放大处理还原成电信号，从而实现红外控制。

图 11-2 Grove - Infrared Emitter 红外发射器模块

读取红外遥控器按键编码

添加 Arduino-IRremote 库文件

在开始用 Arduino IDE 给 Grove - IR 红外接收器编程之

图 11-3 红外遥控器

前，需要添加必要的库文件。搜索 "Arduino-IRremote/Arduino-IRremote"（建议使用 Bing 搜索，进入 Arduino IRremote 的 GitHub 页面，单击 "Code" → "Download ZIP" 下载资源包 Arduino-IRremote-master.zip 到本地。在 Arduino IDE 菜单栏的 "项目" → "包含库" → "添加 .ZIP 库…" 中添加上一步下载的资源包，直到看到库加载成功的提示。

打开示例文件

要想通过红外遥控器去控制其他设备，如按下红外遥控器的左键，舵机向左转动，按下右键，舵机向右转动等，我们首先要知道红外遥控器的每个按键会发出什么样的编码，然后通过程序去进行设定。那如何读取红外遥控器不同按键的编码呢？可以使用 IRremote 库，通过以下 Receive 路径打开 IRrecvDemo 示例程序："文件" → "示例" → "IRremote" → "ReceiveDemo"，该示例程序可以读取遥控器按键编码，但需要修改部分参数。

int RECV_PIN = 7，根据硬件连接引脚更改数字，我们将红外接收器模块连接在 7 号引脚。

接下来选取有用的程序，我们只需定义头文件和读取红外遥控器按键编码的部分，删减后的程序如下。

```
#include <Arduino.h>
#include <IRremote.h>

// 红外接收器模块接在 7 号引脚，如果你使
用 XIAO RP2040/XIAO ESP32，请将 7 修
改为 A0
const byte IR_RECEIVE_PIN=7;

void setup() {
    Serial.begin(115200);
    Serial.println(F("Enabling
IRin"));
    // 启动红外解码
  IrReceiver.begin(IR_RECEIVE_
PIN,ENABLE_LED_FEEDBACK);
```

```
    Serial.print(F("Ready to re-
ceive IR signals at pin "));
    Serial.println(IR_RECEIVE_
PIN);
    delay(1000);
}

void loop() {
// 解码成功，收到一组红外信号
    if (IrReceiver.decode())
    {
// 输出红外解码结果（十六进制）
        Serial.println(IrReceiver.
decodedIRData.command, HEX);
// 输出红外解码结果（八进制）
        Serial.println(IrReceiver.
decodedIRData.command);
// 接收下一组数值
        IrReceiver.resume();
    }
}
```

此程序在资源包内的 L11_IRrecvDemo 文件夹中。

将红外接收器模块连接在 XIAO 扩展板的 7 号引脚，如图 11-4 所示。

⚠ 注意

如果你使用的是 XIAO RP2040/XIAO ESP32，请将 **7** 修改为 **A0**。

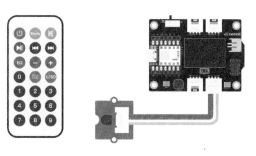

图 11-4 红外接收模块连接示意

上传程序后，打开串口监视器，用红外遥

控器近距离对准红外接收器模块的黑色元件，按下任意按键，观察串口监视器输出的字符，如图 11-5 所示。这里需要注意，当你按下按键的时间过长时，会出现 "FFFFFFFF"，该编码和下面的数字编码都是无效的。

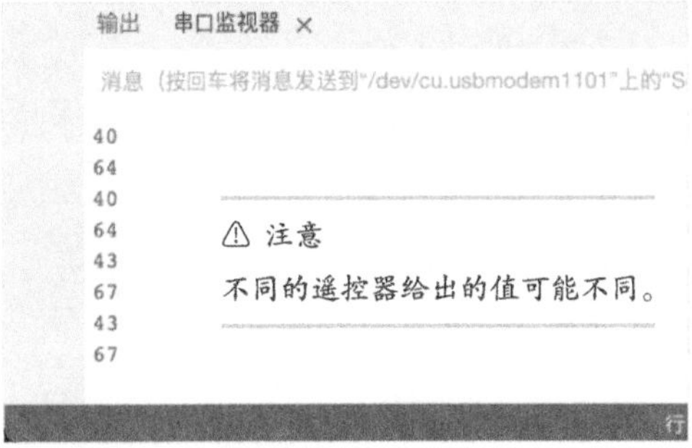

图 11-5 串口监视器收到的遥控器按键字符

项目制作：智能遥控门

项目描述

红外遥控器和红外接收器有了，下一步就是控制门的开关，大家回想一下生活中的遥控门是如何工作的呢？当按下遥控装置时，门缓缓打开，打开到一定角度后，再缓缓关闭。我们可以用舵机来控制门转动，当关闭门时，舵机位置从 90° 转到 0°，当打开门时，舵机位置从 0° 转到 90°，通过红外遥控器发射打开门和关闭门两个信号，我们就可以实现智能遥控门的功能了。

程序编写

想要实现用红外遥控器控制舵机转动，需以下几步。

- 声明需要调用的 IRremote 库及 Serve 库，定义变量。
- 初始化库文件，初始化舵机。
- 读取红外解码结果，根据向左、向右的指令控制舵机转动。

任务：用红外遥控器控制舵机转动

完整的程序如下。

```
// 声明需要调用的 IRremote 库及 Serve
库，定义变量
#include <IRremote.h>
#include <Servo.h>

// 创建舵机对象 myservo 以控制舵机
Servo myservo;
// 红外接收器接在 7 号引脚，如果你使用 XIAO
RP2040/XIAO ESP32，请将 7 修改为 A0
int RECV_PIN = 7;
// 定义 IRrecv 对象来接收红外信号
IRrecv irrecv(RECV_PIN);
// 解码结果放在 results 里
decode_results results;
int pos = 90; // 定义 pos 为 90°

void setup()
{
  Serial.begin(9600);
// 提醒启用红外线接收
  Serial.println("启用红外线接收");
// 启用红外线接收
  irrecv.enableIRIn();
  Serial.println("红外线接收已启
用");
  // 将引脚 5 上的舵机连接到 myservo，如
果你使用 XIAO RP2040/XIAO ESP32，请
将 5 修改为 D5
  myservo.attach(5);
}

// 左键数值为 16712445，右键数值为
16761405，请根据自己遥控器读取的按键数
值进行替换

void loop() {
// 解码成功，收取到一组红外信号
  if (irrecv.decode(&results)){
// 如果收取的信号为 16761405（右键）
    if (results.value == 16761405)
{
```

```
// 从 0° 到 90°，步进为 1°
    for (pos; pos <= 89; pos +=
1) {
    myservo.write(pos);
// 告诉伺服电机转到 pos 变量所表示的位置
    // 等待 40ms，使伺服电机转到目标位置
    delay(40);
        // 以下是中断上面指令，退出循环
        if (irrecv.decode(&re-
sults)) {
        irrecv.resume();
// 如果按下右键，则退出循环
        if (results.value ==
16712445)
        break;
      }
    }
  }

// 如果按下左键，则向右摆动风扇
    if (results.value ==
16712445) {
      // 从 90° 到 0°，步进为 1°
for (pos; pos >= 1; pos -= 1) {
    // 告诉伺服电机转到 pos 变量所表示
的位置
    myservo.write(pos);
        // 等待 40ms，使伺服电机转到目标
位置
    delay(40);
        // 以下是中断上面指令，退出循环
        if (irrecv.decode(&re-
sults)) {
```

```
    irrecv.resume();
        if (results.value ==
16761405) // 如果按下左键，则退出循环
        break;
      }
    }
  }
    // 在串口显示十六进制和八进制的编码
    Serial.println(pos);
    Serial.println(results.value,
HEX);
    Serial.println(results.val-
ue);
  // 接收下一个指令
    irrecv.resume();
  }
  delay(100);
}
```

⚠️ 注意：示例中右键的红外信号值 **16761405** 和左键的红外信号值 **16712445**，需要根据前面 "读取红外遥控器按键编码" 示例，替换为你手中遥控器测试获得的值。否则会出现按下按键后程序没有反应的情况。

此程序在资源包内的 L11_IR_Servo_ino_XIAO 文件夹中。

连接硬件，上传程序

首先将红外接收器模块接入 XIAO 扩展板的 7 号引脚，将舵机接入 I²C 接口，如图 11-6 所示。

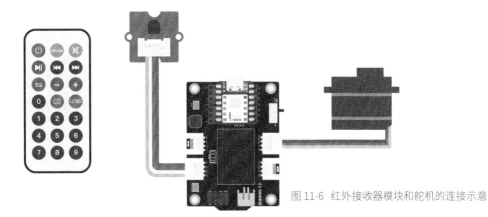

图 11-6 红外接收器模块和舵机的连接示意

⚠️ 注意：如果你使用的是 XIAO RP2040，请将红外接收器模块插接到 A0 引脚。

用 USB 线将 XIAO 接入计算机，单击 ➡ （上传）按钮，将程序上传到硬件中，当调试窗口显示"上传成功"即可，打开串口监视器，用红外遥控器对准红外接收器，按下左键和右键，观察舵机转动的情况，并查看串口监视器输出的编码信息。

外观制作

本单元，我们要实现更加完整的项目制作，综合考量程序实现的功能、模块和结构外观的结合等方面完成原型作品。回到智能遥控门项目，我们要通过红外遥控器控制舵机转动，模拟门的开关，在设计外观的时候，要着重考虑以下几个问题。

- 舵机和门板如何结合，从而使舵机转动带动门板转动。
- 红外接收器要裸露在明显的位置，不能被遮挡。
- 开发板、扩展板和连接线是否遮盖，保持外观整洁。
- 作品如何稳定地立起。

图 11-7 所示为激光切割设计图纸和外观案例，结构件由椴木板激光切割而成，如果你会用绘图软件，可以自己设计加工。你还可以用瓦楞纸、卡纸、无纺布等手工材料来制作，这更加锻炼动手能力。

可用于激光切割机的图纸文件 ADR.dxf 在资源包内的 Laser 文件夹中。

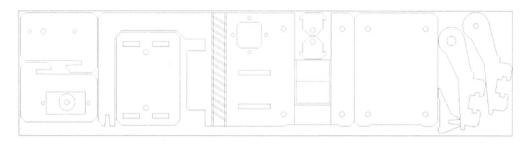

图 11-7 智能遥控门的激光切割设计图纸和组装好的外观

第 12 课　智能手表

手表是生活中很常见的物品，它不仅是计时工具，也具有装饰的功能。别看手表精致小巧，它涉及很复杂的工艺，本节课我们通过 XIAO 及其扩展板尝试制作一款智能手表。

背景知识

RTC

RTC 是 Real Time Clock（实时时钟）的缩写，RTC 是显示时间的集成电路，也叫时钟芯片。RTC 应用非常广泛，我们可以在许多电子设备中找到它。在 XIAO 扩展板中就有一块 RTC，如图 12-1 所示。我们可以将日期和时间显示在扩展板上的 OLED 显示屏上，并通过扣式电池或锂电池供电，即便断开，RTC 也可以继续跟踪时间，当我们重新接通电源时，会发现时间还在继续行走。通过 RTC，我们可以制作定点提醒装置，用于定点浇花、定点宠物喂食等。

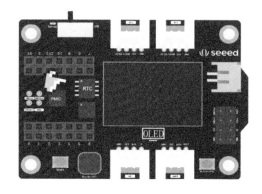

图 12-1　XIAO 扩展板上的 RTC

Grove 也 有 个 RTC 模 块 —— Grove - DS1307 RTC (Real Time Clock) for Arduino，如图 12-2 所示。

在串口显示 RTC

添加 PCF8563-Arduino-Library 库文件

在开始用 Arduino IDE 给 XIAO 扩展板上的 RTC 编程之前，需要添加必要的库文件。搜索关键字 "Bill2462/PCF8563-Arduino-Library"（建议使用 Bing 搜索），进入 PCF8563-Arduino-Library 的 GitHub 页面（建议使用 Bing 搜索），单击 "Code" → "Download

图 12-2　Grove 的 RTC 模块

ZIP"下载资源包 PCF8563-Arduino-Library-master.zip 到本地。

在菜单栏的"项目"→"包含库"→"添加.ZIP 库…"中添加上一步下载的资源包，直到看到库加载成功的提示。

打开示例程序

制作一个 RTC，少不了强大的库文件，通过以下路径打开 simple 示例程序："文件"→"示例"→"PCF8563"→"simple"，该示例程序可以将 RCT 通过串口监视器进行显示。打开示例程序后，我们只需修改目前的年月日和起始时间即可。

```
#include <PCF8563.h>

PCF8563 pcf;

void setup() {
  Serial.begin(9600);
// 初始化时钟
  pcf.init();
// 停止时钟
  pcf.stopClock();
// 设置当前日期和时间，设置完成后，将从
此刻开始计时

  pcf.setYear(18);// 设置年
  pcf.setMonth(3);// 设置月
  pcf.setDay(31);// 设置日
  pcf.setHour(17);// 设置时
  pcf.setMinut(33);// 设置分
  pcf.setSecond(0);// 设置秒
// 时钟开始计时
  pcf.startClock();
}

void loop() {
// 获取时间
  Time nowTime = pcf.getTime();
  // 串口打印当前日期和时间
  Serial.print(nowTime.day);
  Serial.print("/");
  Serial.print(nowTime.month);
```

```
  Serial.print("/");
  Serial.print(nowTime.year);
  Serial.print(" ");
  Serial.print(nowTime.hour);
  Serial.print(":");
  Serial.print(nowTime.minute);
  Serial.print(":");
  Serial.println(nowTime.second);
  delay(1000);
}
```

如图 12-3 所示，无须连接其他电子模块，上传程序，打开串口监视器，就可以看到时间了。

```
输出    串口监视器 ×

消息（按回车将消息发送到"/dev/cu.usbmodem

16:10:10.255 -> 28/11/222116:10:14
16:10:11.240 -> 28/11/222116:10:15
16:10:12.263 -> 28/11/222116:10:16
16:10:13.250 -> 28/11/222116:10:17
16:10:14.274 -> 28/11/222116:10:18
16:10:15.245 -> 28/11/222116:10:19
16:10:16.276 -> 28/11/222116:10:20
```

图 12-3 串口监视器显示的时间

项目制作：智能手表

项目描述

本节课，我们要制作一款智能手表，它可以实时显示日期、时间、温度和湿度。显示日期和时间需要用到 XIAO 和扩展板，显示温/湿度则需加入温/湿度传感器。

程序编写

程序分为以下几步。

- 声明需要调用的库文件，定义变量。
- 初始化库文件，设置当前时间。
- 读取温度和湿度变量、获取当前时间，并将温度、湿度，以及日期、时间显示在 OLED 显示屏上。

开始为 XIAO 扩展板的 OLED 显示屏编写程序之前，先确保 Arduino IDE 已经加载了 U8g2_Arduino 库文件。加载方法可参考第 6 课的"如何下载及安装 U8g2_Arduino 库"部分。开始为 Grove 温 / 湿度传感器编写程序之前，先确保 Arduino IDE 已经加载了 Grove_Temperature_And_Humidity_Sensor 库文件。加载方法可以参考第 8 课的"添加 Grove_Temperature_And_Humidity_Sensor 库文件"部分。

任务：在 XIAO 扩展板的 OLED 显示屏显示当前时间和温 / 湿度值（基于 DHT20 传感器）

完整的程序如下。

```
#include <Arduino.h>
#include <U8x8lib.h>// 使用 u8x8 库
#include <PCF8563.h>//PCF8563-
Arduino-Library 库
PCF8563 pcf;// 定义变量 pcf
#include <Wire.h>
#include "DHT.h" //DHT 库
#define DHTTYPE DHT20 // 温 / 湿度传
感器的类型为 DHT20
DHT dht(DHTTYPE);
U8X8_SSD1306_128X64_NONAME_HW_
I2C u8x8(/* reset=*/ U8X8_PIN_
NONE);//OLED 的构造函数，设置数据类型，
连接 OLED 显示屏
void setup() {
  Serial.begin(9600);
  u8x8.begin();//u8x8 开始工作
  u8x8.setFlipMode(1);
  Wire.begin();
  pcf.init();// 初始化时钟
  pcf.stopClock();// 时钟停止
  // 设置当前的时间和日期:
  pcf.setYear(22);
  pcf.setMonth(11);
  pcf.setDay(28);
```

```
  pcf.setHour(18);
  pcf.setMinut(33);
  pcf.setSecond(0);
  pcf.startClock();// 时钟开始计时

}
void loop() {
  float temp, humi;// 定义温 / 湿度变量
// 读取温度值
  temp = dht.readTemperature();
// 读取湿度值
  humi = dht.readHumidity();
// 获取时间
  Time nowTime = pcf.getTime();
  u8x8.setFont(u8x8_font_chroma-
48medium8_r); //u8x8 字体
// 在 OLED 显示屏不同坐标显示当前日期、
时间、温度和湿度。
  u8x8.setCursor(0, 0);
  u8x8.print(nowTime.day);
  u8x8.print("/");
  u8x8.print(nowTime.month);
  u8x8.print("/");
  u8x8.print("20");
  u8x8.print(nowTime.year);
  u8x8.setCursor(0, 1);
  u8x8.print(nowTime.hour);
  u8x8.print(":");
  u8x8.print(nowTime.minute);
  u8x8.print(":");
  u8x8.println(nowTime.second);
  delay(1000);
  u8x8.setCursor(0, 2);
  u8x8.print("Temp:");
  u8x8.print(temp);
  u8x8.print("C");
  u8x8.setCursor(0,3);
  u8x8.print("Humidity:");
  u8x8.print(humi);
  u8x8.print("%");
  u8x8.refreshDisplay();
  delay(200);
}
```

此程序在资源包内的 L12_SmartWatch_DHT20_XIAO 文件夹中。

连接硬件，上传程序

首先将 DHT20 温 / 湿度传感器接入 XIAO 扩展板的 I²C 接口，用 USB 线将 XIAO 接入计算机，如图 12-4 所示。

在 Arduino IDE 里单击 🔄（上传）按钮，将程序上传到硬件中，当调试窗口显示"上传成功"即可，观察 OLED 显示屏是否正确显示当前时间并开始计时，以及显示实时温 / 湿度值，如图 12-5 所示。

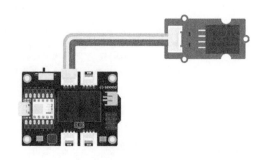

图 12-4 连接 XIAO 扩展板和 DHT20 温 / 湿度传感器

图 12-5 XIAO 扩展板上的 OLED 显示屏
显示时间和温 / 湿度值

任务：在 XIAO 扩展板的 OLED 显示屏显示当前时间和温 / 湿度值（基于 DHT11 传感器）

如果你使用的是蓝色外壳的 Grove DHT11 温 / 湿度传感器，程序的部分内容需要做以下修改。

#define DHTPIN 0，需要根据温 / 湿度传感器实际连接的引脚去修改参数。

#define DHTTYPE DHT11，因为温 / 湿度传感器有不同型号，需要选择正确的型号 —— DHT11。

修改后的程序如下。

```
#include <Arduino.h>
#include <U8x8lib.h>// 使用 u8x8 库
#include <PCF8563.h>
PCF8563 pcf;// 定义变量 pcf
#include <Wire.h>
#include "DHT.h" //DHT 库
// 温 / 湿度传感器的类型为 DHT20
#define DHTTYPE DHT20
DHT dht(DHTTYPE);
//OLED 的构造函数，设置数据类型，连接
OLED 显示屏
U8X8_SSD1306_128X64_NONAME_HW_I2C
u8x8(/* reset=*/ U8X8_PIN_NONE);
void setup() {
  Serial.begin(9600);
  u8x8.begin();//u8x8 开始工作
```

```
  u8x8.setFlipMode(1);
  Wire.begin();
  pcf.init();// 初始化时钟
  pcf.stopClock();// 时钟停止
  // 设置当前的时间和日期：
  pcf.setYear(22);
  pcf.setMonth(11);
  pcf.setDay(28);
  pcf.setHour(18);
  pcf.setMinut(33);
  pcf.setSecond(0);
  pcf.startClock();// 时钟开始计时
}
void loop() {
  float temp,humi;// 定义温 / 湿度变量
  temp = dht.readTemperature();//
读取温度值
  humi = dht.readHumidity();// 读
取湿度值
```

```
// 获取时间
  Time nowTime = pcf.getTime();
  u8x8.setFont(u8x8_font_chro-
ma48medium8_r); //u8x8 字体
  // 在 OLED 屏幕不同坐标显示当前日期、
时间、温度和湿度。
  u8x8.setCursor(0, 0);
  u8x8.print(nowTime.day);
  u8x8.print("/");
  u8x8.print(nowTime.month);
  u8x8.print("/");
  u8x8.print("20");
  u8x8.print(nowTime.year);
  u8x8.setCursor(0, 1);
  u8x8.print(nowTime.hour);
  u8x8.print(":");
  u8x8.print(nowTime.minute);
  u8x8.print(":");
  u8x8.println(nowTime.second);
  delay(1000);
  u8x8.setCursor(0, 2);
  u8x8.print("Temp:");
  u8x8.print(temp);
  u8x8.print("C");
  u8x8.setCursor(0,3);
  u8x8.print("Humidity:");
  u8x8.print(humi);
  u8x8.print("%");
  u8x8.refreshDisplay();
  delay(200);
}
```

此程序在资源包内的 **L12_SmartWatch_DHT11_XIAO** 文件夹中。

修改完程序，先将 DHT11 温 / 湿度传感器接入 XIAO 扩展板的 A0 引脚，如图 12-6 所示。

然后将 XIAO 开发板与计算机连接，在 Arduino IDE 中将修改后的示例程序上传至 XIAO，在 XIAO 扩展板的 OLED 显示屏上就可以看到时间、温度和湿度的数值。你可以将温 / 湿度传感器置于不同的环境下，看看温度和湿度值会不会发生变化。

外观制作

由于尺寸很小，XIAO 尤其适合制作可穿戴装置，扩展板上集成了 RTC 芯片、蜂鸣器、OLED 显示屏等模块，这节课我们制作的智能手表用到了板载 OLED 显示屏、RTC 芯片，以及外接的温 / 湿度传感器。在进行外观制作的时候，我们需要考虑可穿戴、模块和连接线的整理收纳、露出 OLED 显示屏这几个问题。参考方案的激光切割设计图纸和实物组装好的外观如图 12-7 所示。

可用于激光切割机的图纸文件 X watch.dxf 在资源包内的 **Laser** 文件夹中。

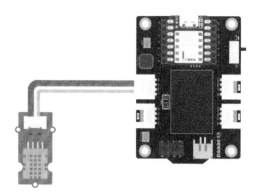

图 12-6 连接 XIAO 扩展板和 DHT11 温 / 湿度传感器

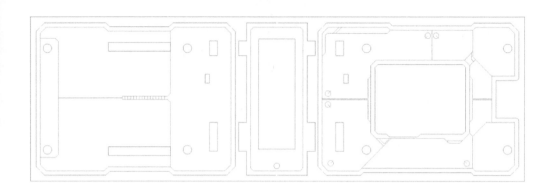

图 12-7　智能手表的激光切割设计图纸和组装好的外观

第 13 课　超声波空气琴

我们在弹奏乐器的时候，通常要用手去拨弦或者按键才能让乐器发出声音。但是大家知道吗？我们还可以借助电子模块，让弹奏音乐变得更加有趣，我们可以通过按键开关模拟钢琴弹奏，也可以加入灯光效果，和音乐进行互动。如果用按键开关作为琴键，就需要在电路中接入多个模块，有没有更简单又独特的方法呢？可以尝试用超声波测距传感器和无源蜂鸣器，根据超声波测距传感器检测到的不同距离触发蜂鸣器发出不同的音符，像在空气中弹琴一样。

背景知识

Grove 超声波测距传感器

Grove 超声波测距传感器（如图 13-1 所示）是一个非接触式测距模块，由于其指向性强，发出的超声波能够在介质中传播较远距离，计算简单且易于控制，它常被用于距离的测量。超声波测距传感器在工作时，超声波发射器会向某一方向发射超声波，碰到障碍物即反射回来，超声波接收器收到反射波就立即停止计时，根据发射和接收的时间差计算出发射点到障碍物的实际距离，这个过程类似于蝙蝠的回声定位。超声波测距传感器的应用范围非常广泛，常见的有倒车雷达系统（如图 13-2 所示）、智能导盲系统、机器人避障系统等。

图 13-1 Grove 超声波测距传感器

⚠️ 注意

Grove 超声波测距传感器模块不包含在 Seeed Studio XIAO Starter Kit 套件中！

读取 Grvoe 超声波测距传感器的数值

添加 Grove Ultrasonic Ranger 库文件

在开始用 Arduino IDE 给 Grove 超声波测距传感器编程之前，需要添加传感器必要的库文件。搜索关键字"Seeed-Studio/Seeed_Arduino_UltrasonicRanger"进入 Grove_Ultrasonic_Ranger 的 GitHub 页面，单击"Code"→"Download ZIP"下载资源包 Seeed_Arduino_UltrasonicRanger-master.zip 到本地。

图 13-2 倒车雷达通常使用的是超声波测距传感器

在菜单栏的"项目"→"包含库"→"添加 .ZIP 库…"中添加上一步下载的资源包，直到看到库加载成功的提示。

打开示例程序

成功安装库文件后，我们可以看到 Arduino IDE 的"文件"→"示例"列表下增加了"Grove Ultrasonic Ranger"项，如图 13-3 所示。打开其下的 UltrasonicDisplayOnTerm 示例程序，此程序可以将超声波测距传感器的数值显示在串口监视器上。

将 示 例 程 序 中 的 **Ultrasonic ultrasonic(7);** 修 改 为 **Ultrasonic ultrasonic(0);**（超声波测距传感器接在 XIAO 扩展板的 **A0** 引脚）。修改并添加中文注释的程序如下。

```
// 声明库文件
#include "Ultrasonic.h"
// 定义变量，连接引脚，如果你使用 XIAO
RP2040/XIAO ESP32，请将 0 修改为 D0
Ultrasonic ultrasonic(0);
void setup() {
    Serial.begin(9600);
}
void loop() {
    // 定义 RangeInCentimeters 长整型
变量
long RangeInCentimeters;
    Serial.println("The distance
to obstacles in front is: ");
    // 读取超声波测距传感器测得的距离值
```

（单位为 cm）并存储在变量 RangeInCentimeters 当中

```
    RangeInCentimeters = ultrason-
ic.MeasureInCentimeters();
    // 串口打印数值
    Serial.print(RangeInCentime-
ters);
    Serial.println(" cm");
    delay(250);
}
```

此程序在资源包内的 **L13_Ultrasonic DisplayOnTerm_XIAO** 文件夹中。

将超声波测距传感器连接在 XIAO 扩展板的 **A0** 接口，如图 13-4 所示。

上传程序后，打开串口监视器，将手或卡片放在超声波测距传感器前面的任意位置，观察串口监视器输出的数值变化，如图 13-5 所示。

项目制作：超声波空气琴

项目描述

超声波空气琴通过超声波测距传感器测量其到手掌的距离，根据距离的不同控制蜂鸣器发出不同的音符。我们已经通过示例程序学习了如何通过超声波测距传感器测距并读取数值，接下来只要给不同的距离定义相应的音符即可。如图 13-6 所示，我们根据手掌的宽度，控制超声波空气琴从距离超声波传感器 4cm 的

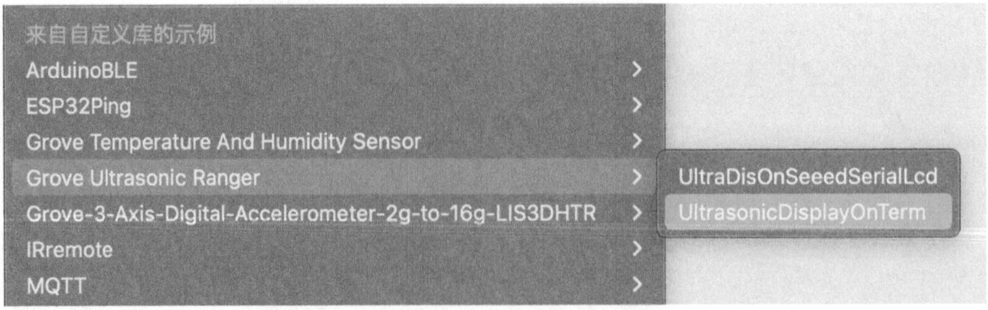

来自自定义库的示例

ArduinoBLE
ESP32Ping
Grove Temperature And Humidity Sensor
Grove Ultrasonic Ranger   UltraDisOnSeeedSerialLcd
Grove-3-Axis-Digital-Accelerometer-2g-to-16g-LIS3DHTR   UltrasonicDisplayOnTerm
IRremote
MQTT

图 13-3 UltrasonicDisplayOnTerm 示例程序的位置

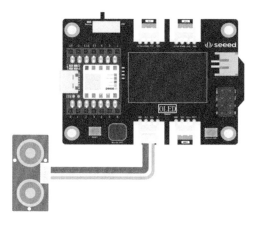

图 13-4 连接超声波测距传感器与 XIAO 扩展板

```
串口监视器  ×

消息（按回车将消息发送到"/dev/cu.usbmodem101"上的"Seeeduino XIAO"）

518 cm
The distance to obstacles in front is:
203 inch
518 cm
The distance to obstacles in front is:
203 inch
518 cm
The distance to obstacles in front is:
203 inch
518 cm
The distance to obstacles in front is:
203 inch
518 cm
```

图 13-5 串口监视器显示 Grove 超声波测距传感器的数值

位置开始发声，并且每隔 2cm 改变一次音符，Do、Re、Mi、Fa、Sol、La、Si、Do…… 对应的距离分别为 4cm、6cm、8cm、10cm、12cm、14cm、16cm、18cm……

图 13-6 超声波空气琴的构想

程序编写

超声波空气琴的程序编写需要以下几步。

· 声明库文件，定义不同音符和蜂鸣器引脚。

· 初始化，设置蜂鸣器引脚状态。

· 读取超声波测距传感器测得的距离（单位为 cm），并进行条件判断，设置不同的距离触发蜂鸣器发出不同的音符。

使用 tone() 函数播放旋律

当我们想要通过程序控制蜂鸣器演奏音符或者歌曲时，需要自己设置每个音符的频率值，如果一首歌曲的音符比较多，一个一个去调整不仅麻烦，对我们的乐理知识和音准也有很高的要求。有没有更简单的方法呢？当然！在定义音符的时候，我们可参考 Arduino 官网中写好的 tone() 函数 （搜索关键字 "Play a Melody using the tone() function"）， 该函数通过 pitches.h 定义了不同音符的对应频率，方便我们使用 tone() 函数来设定蜂鸣器发出的音符。pitches.h 的程序如下。

```
/*
* pitches.h
*/
#define NOTE_B0    31
#define NOTE_C1    33
#define NOTE_CS1   35
#define NOTE_D1    37
#define NOTE_DS1   39
#define NOTE_E1    41
#define NOTE_F1    44
#define NOTE_FS1   46
#define NOTE_G1    49
#define NOTE_GS1   52
#define NOTE_A1    55
#define NOTE_AS1   58
#define NOTE_B1    62
#define NOTE_C2    65
#define NOTE_CS2   69
#define NOTE_D2    73
```

```
#define NOTE_DS2 78
#define NOTE_E2  82
#define NOTE_F2  87
#define NOTE_FS2 93
#define NOTE_G2  98
#define NOTE_GS2 104
#define NOTE_A2  110
#define NOTE_AS2 117
#define NOTE_B2  123
#define NOTE_C3  131
#define NOTE_CS3 139
#define NOTE_D3  147
#define NOTE_DS3 156
#define NOTE_E3  165
#define NOTE_F3  175
#define NOTE_FS3 185
#define NOTE_G3  196
#define NOTE_GS3 208
#define NOTE_A3  220
#define NOTE_AS3 233
#define NOTE_B3  247
#define NOTE_C4  262
#define NOTE_CS4 277
#define NOTE_D4  294
#define NOTE_DS4 311
#define NOTE_E4  330
#define NOTE_F4  349
#define NOTE_FS4 370
#define NOTE_G4  392
#define NOTE_GS4 415
#define NOTE_A4  440
#define NOTE_AS4 466
#define NOTE_B4  494
#define NOTE_C5  523
#define NOTE_CS5 554
#define NOTE_D5  587
#define NOTE_DS5 622
#define NOTE_E5  659
#define NOTE_F5  698
#define NOTE_FS5 740
#define NOTE_G5  784
#define NOTE_GS5 831
#define NOTE_A5  880
#define NOTE_AS5 932
#define NOTE_B5  988
#define NOTE_C6  1047
```

```
#define NOTE_CS6 1109
#define NOTE_D6  1175
#define NOTE_DS6 1245
#define NOTE_E6  1319
#define NOTE_F6  1397
#define NOTE_FS6 1480
#define NOTE_G6  1568
#define NOTE_GS6 1661
#define NOTE_A6  1760
#define NOTE_AS6 1865
#define NOTE_B6  1976
#define NOTE_C7  2093
#define NOTE_CS7 2217
#define NOTE_D7  2349
#define NOTE_DS7 2489
#define NOTE_E7  2637
#define NOTE_F7  2794
#define NOTE_FS7 2960
#define NOTE_G7  3136
#define NOTE_GS7 3322
#define NOTE_A7  3520
#define NOTE_AS7 3729
#define NOTE_B7  3951
#define NOTE_C8  4186
#define NOTE_CS8 4435
#define NOTE_D8  4699
#define NOTE_DS8 4978
```

任务：超声波空气琴

对于超声波空气琴而言，我们主要用到的音符有 Do、Re、Mi、Fa、Sol、La、Si、Do，对应程序中的 C5、D5、E5、F5、G5、A5、B5、C6，在程序中你可以只定义需要的音符。

完整的程序如下。

```
// 声明库文件
#include "Ultrasonic.h"
// 定义 ultrasonic 对象，并将超声波测
距传感器连接至 A0 接口，如果你使用 XIAO
RP20401，请将 0 修改为 D0
Ultrasonic ultrasonic(0);
// 蜂鸣器连接至 A3 接口，如果你使用 XIAO
RP2040，请将 3 修改为 A3
int buzzerPin = 3;
```

```
#define NOTE_C5  523
#define NOTE_D5  587
#define NOTE_E5  659
#define NOTE_F5  698
#define NOTE_G5  784
#define NOTE_A5  880
#define NOTE_B5  988
#define NOTE_C6  1047
void setup()
{
    Serial.begin(9600);
    pinMode(buzzerPin,OUTPUT);
}
void loop()
{
    // 读取超声波测距传感器检测到的距离
    值，以 cm 为单位，并打印在串口监视器上
    long RangeInCentimeters;
    RangeInCentimeters = ultrason-
ic.MeasureInCentimeters();
    Serial.print(RangeInCentime-
ters);
    Serial.println(" cm");
    delay(250);
    // 通过 if 语句进行条件判断，当距离值
    为 4、6、8、10、12、14、16、18 时，分
    别对应 C5、D5、E5、F5、G5、A5、B5、C6
    if (((long)RangeInCentime-
ters== 4)) {
        tone(3,NOTE_C5,100);
        }
    if (((long) RangeInCentime-
ters== 6)) {
        tone(3,NOTE_D5,100);
        }
    if (((long) RangeInCentime-
ters== 8)) {
        tone(3,NOTE_E5,100);
        }
    if (((long) RangeInCentime-
ters== 10)) {
        tone(3,NOTE_F5,100);
        }
    if (((long) RangeInCenti-
meters== 12)) {
        tone(3,NOTE_G5,100);
```

```
        }
    if (((long) RangeInCentime-
ters== 14)) {
        tone(3,NOTE_A5,100);
        }
    if (((long) RangeInCentime-
ters== 16)) {
        tone(3,NOTE_B5,100);
        }
    if ((( l o n g )
RangeInCentimeters== 18)) {
        tone(3,NOTE_C6,100);
        }
}
```

此 程 序 在 资 源 包 内 的 L13_
UltrasonicPiano_XIAO 文件夹中。

连接硬件，上传程序

将超声波测距传感器接入 XIAO 扩展板的
A0 接口。用 USB 线将 XIAO 接入计算机，单击
🔘 （上传）按钮，将程序上传到硬件中，当调
试窗口显示"上传成功"即可，打开串口监视器，
用手开始弹琴吧。

外观制作

超声波空气琴的灵感来源是钢琴，每隔
2cm 改变一次音符也是依据琴键的样式设计
的。在进行外观制作时，我们可以用椴木板
切割拼搭成琴面，在琴的左端固定超声波测
距传感器。激光切割设计图纸和组装好的外
观如图 13-7 所示。

可用于激光切割机的图纸文件 Air
Piano.dxf 在资源包内的 Laser 文件夹中。

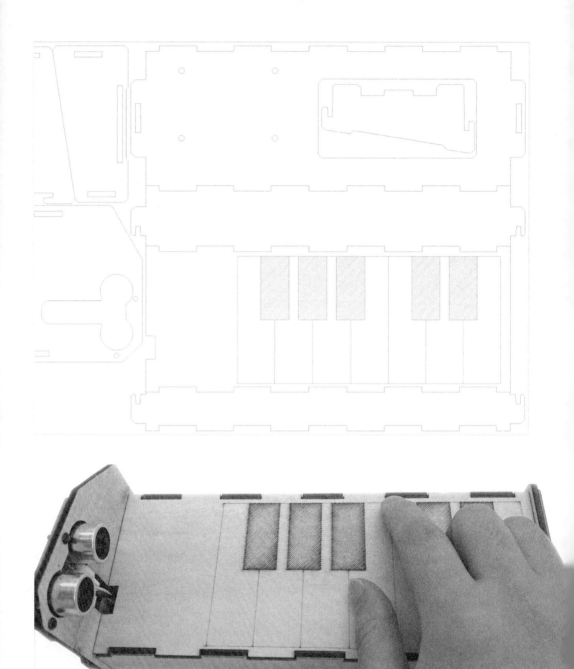

图 13-7 超声波空气琴的激光切割设计图纸和组装好的外观

第 14 课 用 XIAO ESP32C3 实现 Wi-Fi 连接和应用

与其说计算机改变了世界，倒不如说是计算机网络改变了世界。网络的出现真正让计算机与以往的工具区分开来，信息的共享和交流让计算机成为划时代的产物。这一课，我们将学习使用带有 Wi-Fi 和蓝牙功能的 XIAO ESP32C3（如图 14-1 所示）进行网络请求，包括如何将 XIAO 连接到 Wi-Fi 网络，Ping 指定网站，使用 HTTP 发出 GET/POST 请求。

图 14-1　XIAO ESP32C3

背景知识

OSI 参考模型（网络七层结构）

OSI（Open System Interconnection，开放系统互连），一般被称为 OSI 参考模型或网络七层结构，是 ISO 组织在 1985 年研究的网络互连模型。该体系结构标准定义了网络互连的七层框架（应用层、表示层、会话层、传输层、网络层、数据链路层和物理层），为了便于理解，我们用一个物流运输过程来对应 OSI 模型的各层，如图 14-2 所示。

物流运输过程		OSI 参考模型（网络七层结构）	
收件	根据客户（应用）不同需求（请求），提供不同服务（协议）。	1. 应用层	
打包	对快递（数据）进行打包（压缩），甚至能用密码箱（SSU/TS）打包。	2. 表示层	
调度	对快递运输（数据)进行调度，选择并连接公路、铁路、海运、航空等运输方式。	3. 会话层	
跟单	将快递（数据）送到驿站（UDP）或客户手上（TCP）。	4. 传输层	
路线规划	根据物流中心（路由器）的拥堵情况，找出一条最优路径进行运输。	5. 网络层	
运输	将打包好的快递（数据块）从城市A（物理节点）运输到城市B。	6. 数据链路层	
交通工具	例如公路、汽车和飞机等，承载货物（数据）的交通运输。	7. 物理层	

图 14-2　用物流运输过程比拟 OSI 模型的各层

下面的知识将会用到这些层的概念。

ICMP 与 Ping 命令

ICMP（Internet Control Message Protocol，互联网控制报文协议）是 TCP/IP 协议簇的一个子协议，用于在 IP 主机、路由器之间传递控制消息。控制消息是指网络通不通、主机是否可达、路由是否可用等网络本身的消息。这些控制消息虽然并不传输用户数据，但是对于用户数据的传递起着重要的作用。

我们在网络中经常会用到 ICMP，比如我们经常使用的用于检查网络连接的 `Ping` 命令（Linux 和 Windows 系统中均有），`Ping` 命令的实现过程实际上就是 ICMP 工作的过程。

Ping 可以测试两个设备之间的连接速度，并准确报告数据包到达目的地并返回发送者设备所需的时间。尽管 Ping 不提供有关路由或跃点的数据，它仍然是衡量两个设备之间延时的有用指标。下面我们将学习在 XIAO ESP32C3 上实现 Ping 请求的方法。

在开始这个尝试之前，我们需要学习如何让 XIAO ESP32C3 和你的 Wi-Fi 相连。

在 XIAO ESP32C3 上使用 Wi-Fi 网络

XIAO ESP32C3 支持与 IEEE 802.11b/g/n 的 Wi-Fi 连接。下面介绍在开发板上使用 Wi-Fi 的基础知识。

⚠ 注意

尝试将 XIAO ESP32C3 开发板用作热点（接入点）时请小心，它可能会出现过热问题。

硬件设置：为 XIAO ESP32C3 连接天线并连接到计算机

步骤 1：将随附的 Wi-Fi/蓝牙天线连接到开发板上的 IPEX 天线接口。

步骤 2：通过 Type-C 接口的 USB 线将 XIAO ESP32C3 连接到你的计算机，如图 14-3 所示。

软件设置：将 ESP32 开发板包添加到 Arduino IDE

图 14-3 将 XIAO ESP32C3 接上天线后与计算机连接

此步骤的内容参考本书第 1 课中的"将 Seeed Studio XIAO 添加到 Arduino IDE 中"有关 ESP32 的部分。

扫描附近的 Wi-Fi 网络（STA 模式）

在本例中，我们将使用 XIAO ESP32C3 扫描周围可用的 Wi-Fi 网络。此示例中开发板为 STA 模式。

步骤 1：将下面的程序输入 Arduino IDE 中。

```
#include "WiFi.h"

void setup() {
  Serial.begin(115200);
  // 将 Wi-Fi 设置为站点模式并断开之前
连接的 AP
  WiFi.mode(WIFI_STA);
  WiFi.disconnect();
  delay(100);

  Serial.println("Setup done");
}

void loop() {
  Serial.println("scan start");

  // WiFi.scanNetworks 将返回找到的
网络数量
  int n = WiFi.scanNetworks();
  Serial.println("scan done");
  if (n == 0) {
    Serial.println("no networks
found");
```

```
    } else {
      Serial.print(n);
        Serial.println(" networks
found");
      for (int i = 0; i < n; ++i) {
        // 打印找到的每个网络的 SSID 和
RSSI
        Serial.print(i + 1);
        Serial.print(":");
        Serial.print(WiFi.SSID(i));
        Serial.print(" (");
        Serial.print(WiFi.RSSI(i));
        Serial.print(")");
          Serial.println((WiFi.en-
cryptionType(i) == WIFI_AUTH_
OPEN)? ":"*");
        delay(10);
      }
    }
    Serial.println("");
    // 等待一段时间后再进行扫描
    delay(5000);
}
```

此程序在资源包内的 L14_Scanwifi_
XIAO 文件夹中。

步骤 2：上传程序并打开串口监视器，可
以看到 XIAO ESP32C3 开始扫描 Wi-Fi 网络，如
图 14-4 所示。

```
Q   输出    串口监视器 ×

    消息（按回车将消息发送到"/dev/cu.usbmodem1101"上的"XIAO_ESP3:

    scan done
    39 networks found
    1: Home-limengdu (-41)*
    2: SEEED-Guest (-43)*
    3: SEEED-MKT (-44)*
    4: M2-test (-50)*
    5: Xiaomi_9AC8 (-50)*
    6: SEEED-MKT (-50)*
    7: qunanan (-50)*
    8: SEEED-MKT (-51)*
    9: SEEED-Guest (-51)*
    10: SEEED-Guest (-52)*
```

图 14-4 打开串口监视器可以看到 XIAO ESP32C3 开
始扫描 Wi-Fi 网络

连接到 Wi-Fi 网络

步骤 1：将下面的程序输入 Arduino IDE 中。

```
#include <WiFi.h> // 引用 Wi-Fi 库
// 你要连接的 Wi-Fi 的 SSID
const char* ssid = "your-ssid";
// 你要连接的 Wi-Fi 的密码
const char* password =
"your-password";
void setup()
{
// 设置串口波特率
    Serial.begin(115200);
    delay(10);

    // 开始连接 Wi-Fi 网络

    Serial.println();
    Serial.println();
    Serial.print("Connecting to
");
// 打印正在连接的 Wi-Fi 名称
    Serial.println(ssid);

// 连接 Wi-Fi 网络
    WiFi.begin(ssid, password);
    // 等待连接
    while (WiFi.status() != WL_
CONNECTED) {
        delay(500);
        Serial.print(".");
    }

    Serial.println("");
    //Wi-Fi 连接成功
    Serial.println("WiFi connect-
ed");
    Serial.println("IP address:
");
    Serial.println(WiFi.localIP());
    // 打印获取到的 IP 地址

}

void loop()
{
    }
```

此程序在资源包内的 L14_Connectwifi
_XIAO 文件夹中。

然后将程序中的 **your-ssid** 修改为你的 Wi-Fi 名称，**your-password** 修改为你的 Wi-Fi 密码。

步骤 2：上传程序并打开串口监视器检查开发板是否连接到 Wi-Fi 网络，如图 14-5 所示。

> 了解更多：更多关于 XIAO ESP32C3 的使用可以阅读 Wiki 文档（建议使用 Bing 搜索关键字 "**XIAO ESP32C3 wiki**"）。

```
输出    串口监视器 ×

消息（按回车将消息发送到"/dev/cu.usbmodem1101"

..
WiFi connected
IP address:
192.168.7.56
```

图 14-5　检查开发板是否连接到 Wi-Fi 网络

Ping 指定网站

了解了上面的知识，我们就可以学习如何用 XIAO ESP32C3 去 Ping 指定的网站了。

步骤 1：下载并安装 ESP32Ping 库。

搜索关键字"marian-craciunescu/ESP32Ping"，进入 ESP32Ping 的 GitHub 页面，单击"Code"→"Download ZIP"下载资源包到本地。

下载完成后，打开 Arduino IDE，单击"项目"→"包含库"→"添加 .ZIP 库..."，选择刚下载的 .ZIP 文件即可。

步骤 2：将下面的程序输入 Arduino IDE 中，记得将程序中的 **your-ssid** 修改为你的 Wi-Fi 名称，**your-password** 修改为你的 Wi-Fi 密码。

```cpp
#include <WiFi.h>
#include <ESP32Ping.h>

// 定义常量
// 每次循环延迟时间
static constexpr unsigned long
INTERVAL = 3000;

static const char WIFI_SSID[] =
"your-ssid";
static const char WIFI_PASS-
PHRASE[] = "your-password";

// Ping 测试服务器
static const char SERVER[] =
"www.***.com";
// 设置函数

void setup()
{
  Serial.begin(115200);
  delay(1000);

  Serial.println();
  Serial.println();

  Serial.println("WIFI: Start.");
// 设置 Wi-Fi 工作模式为 Station 模式
  WiFi.mode(WIFI_STA);
  if (WIFI_SSID[0] != '\0')
  {
    WiFi.begin(WIFI_SSID, WIFI_
PASSPHRASE);
  }
  else
  {
    WiFi.begin();
  }
}

// 循环函数

void loop()
{
  static int count = 0; // 计数器
```

```cpp
// Wi-Fi 连接状态
   const bool wifiStatus = WiFi.
status() == WL_CONNECTED;
 // Wi-Fi 信号强度
   const int wifiRssi = WiFi.
RSSI();

// Ping 测试结果
const bool PingResult = !wifiSta-
tus ? false : Ping.Ping(SERVER,
1);
 // 平均响应时间
  const float PingTime = !PingRe-
sult ? 0.f : Ping.averageTime();
// 输出计数器
  Serial.print(count);
// 输出制表符
  Serial.print('\t');
// 输出 Wi-Fi 连接状态
  Serial.print(wifiStatus ? 1 : 0);
  Serial.print('\t');
// 输出 Wi-Fi 信号强度
  Serial.print(wifiRssi);
  Serial.print('\t');
 // 输出 Ping 测试结果
  Serial.print(PingResult? 1 : 0);
  Serial.print('\t');
// 输出平均响应时间
  Serial.println(PingTime);
  count++;   // 计数器加一

  delay(INTERVAL);   // 循环延迟
}
```

此程序在资源包内的 **L14_Ping_XIAO**
文件夹中。

步骤 3：上传程序并打开串口监视器检查
Ping 的结果，如图 14-6 所示。

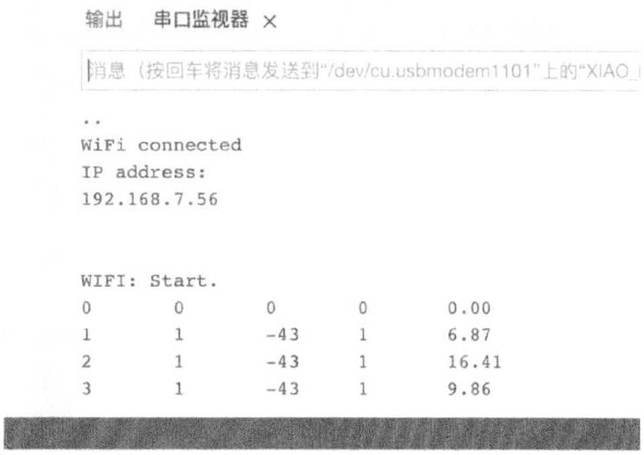

图 14-6 打开串口监视器检查 Ping 的结果

项目制作：使用 XIAO ESP32C3 发出 HTTP GET 和 HTTP POST 请求

HTTP 简介

HTTP 是 HyperText Transfer Protocol（超
文本传输协议）的简称，是一种用于分布式、
协作式和超媒体信息系统的应用层协议，是因
特网上应用最为广泛的一种网络传输协议，所
有的 WWW 文件都必须遵守这个协议。

HTTP 是为 Web 浏览器与 Web 服务器之间
的通信而设计的，但也可以用于其他目的。它
基于 TCP/IP 通信协议来传递数据（HTML 文件、
图片文件、查询结果等）。

HTTP 的应用极为广泛，但是它存在不小的
安全缺陷，主要是使用明文传送和缺乏消息完
整性检测，而这两点恰好是网络支付、网络交
易、物联网等新兴应用在安全方面最需要关注
的 问 题。Google Chrome、Internet Explorer
和 Firefox 等浏览器在访问 HTTP 网站含有加密
和未加密内容的混合内容时，会发出连接不安
全的警告。

HTTPS 简介

HTTPS 是 HyperText Transfer Protocol

Secure（超文本传输安全协议）的简称，是一种通过计算机网络进行安全通信的传输协议。HTTPS 经由 HTTP 进行通信，但利用 SSL/TLS 来加密数据包（如图 14-7 所示），HTTPS 开发的主要目的，是提供对网站服务器的身份认证，保护交换资料的隐私与完整性。

图 14-7 HTTPS 利用 SSL 加密数据包

HTTP 请求方法

根据 HTTP 标准，HTTP 请求方法有多种。

HTTP1.0 定义了 3 种请求方法：GET、HEAD 和 POST 方法。

HTTP1.1 新增了 6 种请求方法：PUT、DELETE、CONNECT、OPTIONS、TRACE 和 PATCH 方法。

9 种请求方法如表 14-1 所示。

我们已经学习了如何用 XIAO ESP32C3 连接 Wi-Fi 网络，下面可以尝试一些基于网络的更复杂的操作。接下来介绍如何使用 XIAO ESP32C3 发出 HTTP GET 和 HTTP POST 请求。

使用 XIAO ESP32C3 发出 HTTP GET 请求

要发出 HTTP GET 请求，就需要对应的后端服务器来支持请求，为了方便测试，我们可以在自己的计算机上搭建一个后端服务器，让 XIAO ESP32C3 通过本地 Wi-Fi 连接计算机发出 HTTP GET 请求。

后端服务器的搭建方式有很多种，在这里我们使用较为流行的 Python 的 Web 框架——FastAPI 来搭建后端服务器。想进一步了解此工具，可以访问其官方文档。

用 FastAPI 搭建后端服务器

以下为 Python 的服务器程序。

```
# 导入模块
from tyPing import Union
# 导入类型提示
from pydantic import BaseModel
# 导入数据模型基类
from fastapi import FastAPI
# 导入 FastAPI 框架
import datetime # 导入日期时间模块
# 创建 FastAPI 实例
app = FastAPI() # 创建 FastAPI
应用实例
# 创建数据存储
```

表 14-1 HTTP 的 9 种请求方法

序号	方法	描述
1	GET	请求指定的页面信息，并返回实体主体
2	HEAD	类似于 GET 请求，只不过返回的响应中没有具体的内容，用于获取报头
3	POST	向指定资源提交数据进行处理请求（例如提交表单或者上传文件），数据被包含在请求体中。POST 请求可能会导致新的资源的建立和 / 或已有资源的修改
4	PUT	从客户端向服务器传送的数据取代指定的文档内容
5	DELETE	请求服务器删除指定的页面
6	CONNECT	建立一个到由目标资源标识的服务器的隧道
7	OPTIONS	允许客户端查看服务器的性能
8	TRACE	回显服务器收到的请求，主要用于测试或诊断
9	PATCH	是对 PUT 方法的补充，用来对已知资源进行局部更新

```python
items = {}  # 创建空字典存储数据
# 创建数据模型
class Sensor_Item(BaseModel):
    name: str    # 传感器名称
    value: float    # 传感器数值
# 启动事件
@app.on_event("startup")
# 注册启动事件
async def startup_event():
    items["sensor"] = {"name":
"Sensor","Value":0}  # 添加传感器数
据到字典
# GET 请求
@app.get("/items/{item_id}")
# 注册 GET 请求路由
async def read_items(item_id:
str):
    return items[item_id],date-
time.datetime.now()
# 返回数据和时间戳
# POST 请求
@app.post("/sensor/")
# 注册 POST 请求路由
async def update_sensor(si: Sen-
sor_Item):
    items["sensor"]["Value"] =
si.value  # 更新传感器数值
    return si
# 返回更新的传感器数据
# 首页
@app.get("/")    # 注册根路由
def read_root():
    return {"Hello": "World"}
# 返回欢迎信息
```

此程序为资源包内的 L14—FastAPI.py
文件。

这段程序是用 Python 的 FastAPI 框架实现的，当我们用 **GET** 请求 http://domain/
items/sensor 时，它可以返回 Sensor 存储
在后端服务器上最新的信息，当我们用 **POST**
发送数据到 http://domain/sensor 时，它
可以修改并记录最新的 Sensor 数值。

操作步骤如下。

步骤 1：在本地创建一个 python 文件并命
名为 main.py，复制粘贴上面的程序到 main.py
中，然后在自己的计算机上，打开终端程序，
执行以下命令安装 FastAPI。

```
pip install fastapi
pip install "uvicorn[standard]"
```

步骤 2：执行以下命令实现后端服务开启
和本地监听。

```
uvicorn main:app --reload --host
0.0.0.0
```

⚠ 注意：在运行上面的命令时，确保终端当前
在 main:app 所在的目录。

如果在运行时出现以下提示，表明当前地
址已经被占用，有地址冲突。

```
ERROR:       [Errno 48] Address
already in use
```

这时可以指定具体的端口，命令如下。

```
uvicorn main:app --reload --host
0.0.0.0 --port 1234
```

如果再出现 [Errno 48] 错误，可以修改
port 后面的端口号。

命令成功运行后的提示信息如下。

```
INFO:       Will watch for changes
in these directories: ['']
INFO:       Uvicorn running on
http://0.0.0.0:1234 (Press CTRL+C
to quit)
INFO:       Started reloader
process [53850] using WatchFiles
INFO:       Started server process
[53852]
INFO:       Waiting for application
startup.
```

```
INFO:          Application startup
complete.
```

现在测试的后端服务器已经可以正常运行了。

使用 XIAO ESP32C3 发出 HTTP GET 请求

下面我们在 XIAO ESP32C3 上进行请求测试。

步骤 1: 将下面的程序输入 Arduino IDE 中,这段程序将测试的 **serverName** 设置为 `http://192.168.1.2/items/sensor`,其中的 **192.168.1.2** 需要替换为你做后端服务器的计算机的 IP 地址。Windows 系统的用户可以在命令行窗口中输入 **ipconfig** 命令,macOS 系统用户可以在终端窗口中输入 **ifconfig** 命令来获取计算机的 IP 地址。记得将程序中的 **your-ssid** 修改为你的 Wi-Fi 名称,程序中的 **your-password** 修改为你的 Wi-Fi 密码。

```cpp
// 包含头文件

#include "WiFi.h" // Wi-Fi 库
// HTTP 请求库
#include <HTTPClient.h>
// 配置参数
// Wi-Fi 名称
const char* ssid = "your-ssid";
// Wi-Fi 密码
const char* password =
"your-password";
// 服务器地址
String serverName =
"http://192.168.1.2/items/sen-
sor";
// 上次请求时间
unsigned long lastTime = 0;
// 定时器间隔
unsigned long timerDelay = 5000;
// 初始化函数
void setup()
{
// 串口初始化
    Serial.begin(115200);
    // 连接 Wi-Fi
    WiFi.begin(ssid, password);
    Serial.println("Connecting");
    while(WiFi.status() != WL_
CONNECTED) {
        delay(500);
        Serial.print(".");
    }
    Serial.println("");
    Serial.print("Connected to
WiFi network with IP Address: ");
    Serial.println(WiFi.lo-
calIP());
    Serial.println("Timer set to
5 seconds (timerDelay variable),
it will take 5 seconds before
publishing the first reading.");
    Serial.println("Setup done");
}
// 循环函数
void loop()
{
    if ((millis() - lastTime) >
timerDelay) { // 定时器触发
        // 检查 Wi-Fi 连接状态
        if(WiFi.status()== WL_
CONNECTED){
            HTTPClient http;
            String serverPath =
serverName ;
            http.begin(server-
Path.c_str());
            int httpResponseCode
= http.GET(); // 发送 GET 请求
            // 响应码大于 0
            if (httpResponseC-
ode>0) {
                Serial.
print("HTTP Response code: ");
                Serial.println-
(httpResponseCode);
                String payload =
http.getString(); // 获取响应内容
                Serial.println-
(payload);
```

```
                    }
// 响应码小于或等于 0
                    else {
                        Serial.print("Er-
ror code: ");
                        Serial.println-
n(httpResponseCode);
                    }
                    http.end();
                }
// Wi-Fi 未连接
        else {
                Serial.println("WiFi
Disconnected");
            }
// 更新上次请求时间
            lastTime = millis();
        }
    }
```

此程序在资源包内的 **L14_HTTPget_XIAO** 文件夹中。

⚠️ 注意：我们需要将 Arduino 程序中的 **serverName** 修改为运行后端服务的主机 IP 地址，XIAO ESP32C3 需要与其在一个局域网下，如果后端服务器（在本示例中是你的计算机）的局域网 IP 为 **192.168.1.2** 那么 GET 请求的接口为 **http://192.168.1.2/items/sensor**，其他的接口同理。如果你在运行实现后端服务开启和本地监听指定了端口，那么 GET 请求的接口为 **http://192.168.1.2:1234/items/sensor**。

步骤 2：在 Arduino IDE 中上传程序到 XIAO ESP32C3。上传成功后打开串口监视器检查 GET 发出后我们的后端服务器返回的结果，如图 14-8 所示。

使用 XIAO ESP32C3 发出 HTTP POST 请求

HTTP POST 请求是向指定资源提交资料，请求服务器进行处理（例如提交表单或者上传文件）。资料被包含在请求本文中。这个请求可能会建立新的资源或修改现有资源，或二者皆有。每次提交，表单的资料编码后成为 HTTP 体（request body）里的一部分。浏览器发出的 POST 请求体主要有两种格式，一种是 **application/x-www-form-urlencoded**，用来传输简单的资料，大概就是 **key1=value1&key2=value2** 这样的格式。另一种用来传档案，会采用 **multipart/form-data** 格式。采用后者是因为 **application/x-www-form-urlencoded** 的编码方式对于档案这种二进位的数据非常低效。

下面我们将用类似提交表单的方式向我们在本机搭建的后端服务器提交实验数据，并验证后端服务器是否收到数据。

步骤 1：在开始本示例之前，先确保上一步用 FastAPI 搭建的后端服务器正常运行，如果没有，请参考上面的说明启动服务端程序。

步骤 2：将下面的程序输入 Arduino IDE 中，这段程序将测试的 **serverName** 设置为 **http://192.168.1.2/sensor/**，其中的 **192.168.1.2** 需要替换为你做后端服务器的计算机的 IP 地址。记得将程序中的 **your-ssid** 修改为你的 Wi-Fi 名称，**your-password** 修改为你的 Wi-Fi 密码。

```
#include <WiFi.h>
#include <HTTPClient.h>
// Wi-Fi SSID
const char* ssid = "your-ssid";
const char* password =
"your-password"; // Wi-Fi 密码
// 服务器地址
const char* serverName =
"https://192.168.1.2/sensor/";
// 上一次发送时间
unsigned long lastTime = 0;
// 发送间隔
unsigned long timerDelay = 5000;
void setup() {
    Serial.begin(115200);
```

图 14-8 HTTP Response code: 200 提示意味着请求已成功，XIAO ESP32C3 已经成功从服务器 GET 到数据

```
  WiFi.begin(ssid, password);
  Serial.println("Connecting");
  while(WiFi.status() != WL_CON-
NECTED) { // 等待连接
    delay(500);
    Serial.print(".");
  }
  Serial.println("");
  Serial.print("Connected to WiFi
network with IP Address:");
  Serial.println(WiFi.localIP());
  Serial.println("Timer set to 5
seconds (timerDelay variable), it
will take 5 seconds before pub-
lishing the first reading.");
}
void loop() {
  if ((millis() - lastTime) >
timerDelay) { // 达到发送间隔
    // 检查 Wi-Fi 连接状态
    if(WiFi.status()== WL_CON-
NECTED){
      WiFiClient client;
      HTTPClient http;
      http.begin(client, server-
Name); // 连接服务器
      http.addHeader("Con-
```

```
tent-Type", "application/json");
    // 设置请求头
    // 发送 POST 请求
        int httpResponseCode =
http.POST("{\"name\":\"sen-
sor\",\"value\":\"123\"}");
      Serial.print("HTTP Response
code: ");
      Serial.println(httpRespon-
seCode);
    // 释放资源
    http.end();
  }
  else {
      Serial.println("WiFi Dis-
connected");
    }
  // 更新上一次发送时间
    lastTime = millis();
  }
}
```

此程序在资源包内的 L14_HTTPpost_XIAO 文件夹中。

步骤 3：在 Arduino IDE 中上传程序到 XIAO ESP32C3。上传成功后打开串口监视器检查 POST 发出后我们的后端服务器返回的结果，如图 14-9 所示。

在 本 地 计 算 机 上，通 过 浏 览 器 访 问 http://192.168.1.2/items/sensor（IP 地 址 请 根据自己计算机的实际 IP 地址更换，如果有设置端口则需要在 IP 地址后面加英文冒号和设置的端口号）。现在可以看到 XIAO ESP32C3 发送的最新一条数据，如图 14-10 所示。因为 XIAO 每 5s 发送一次，所以你总是可以通过刷新当前页面来看到后端服务器收到的最新一条数据（数据的时间码会发生变化）。

现在我们成功用 XIAO ESP32C3 向本地的后端服务器发送了数据。

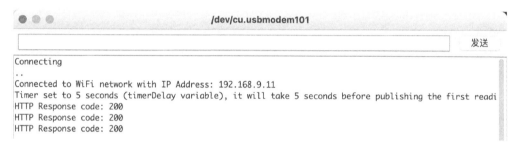

图 14-9　HTTP Response code: 200 提示意味着请求已成功

[{"name":"Sensor","Value":123.0},"2022-12-27T17:05:54.210396"]

图 14-10　可以通过浏览器看到 XIAO ESP32C3 发送的最新一条数据

第 15 课　用 XIAO ESP32C3 通过 MQTT 协议实现遥测与命令

在上一课，我们已经学习了如何让 XIAO ESP32C3 通过 Wi-Fi 连接局域网的本机发送 HTTP GET 或 POST 请求。在本课中，我们将逐步介绍通信协议、消息队列遥测传输（MQTT）、遥测（从传感器收集并发送到云端的数据）和命令（由云向设备发送的指示它做一些事情的消息）。

背景知识

IoT（物联网）

IoT 中的"I"代表 Internet（互联网）。云连接和服务，实现了物联网设备的很多功能，从收集与设备相连的传感器的测量数据，到发送消息控制执行器。物联网设备通常使用标准通信协议连接到单一的云物联网服务，而该服务也与你的物联网应用的其余部分紧密相连，从围绕数据做出智能决策的人工智能服务，到用于控制或报告的网络应用。

物联网设备可以接收来自云的信息。这些信息通常包含命令——即执行内部（如重启或更新固件）或使用执行器（如开灯）等动作的指令。

通信协议

有许多流行的通信协议被物联网设备用来与互联网通信。这些通信协议一般通过某些代理发布/订阅消息，物联网设备连接到代理，发布遥测数据和订阅命令；云服务器也连接到代理，订阅所有遥测数据话题，并向指定设备或设备组发布命令，如图 15-1 所示。

MQTT 是物联网设备最流行的通信协议，在本课中会涉及。其他协议包括 AMQP 和 HTTP/HTTPS（上一课有介绍）等。

消息队列遥测传输（MQTT）协议

MQTT 是 Message Queuing Telemetry Transport（消息队列遥测传输）的简称，是 ISO 标准：ISO/IEC PRF 20922 下基于发布（Publish）/订阅（Subscribe）范式的消息协议，可被视为"资料传递的桥梁"。它工作在 TCP/IP 协议族上，是为硬件性

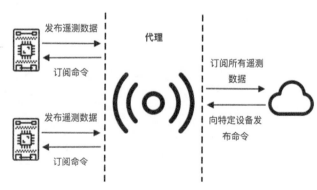

图 15-1　代理、设备和云的关系

能低下的远程设备，以及网络状况糟糕的情况而设计的发布/订阅型消息协议。它是一个轻量级、开放标准的消息传输协议，可以在设备之间发送消息。MQTT 设计于 1999 年，最初用于监测石油管道，15 年后才由 IBM 作为开放标准发布。

　　MQTT 的最大优点是用极少的程序和有限的带宽，为连接远程设备提供实时可靠的消息服务。作为一种低开销、适合低带宽环境的即时通信协议，MQTT 在物联网、小型设备、移动应用等方面有较广泛的应用。

　　MQTT 有一个代理和多个客户端。所有的客户端都连接到代理，代理则将消息路由到相关的客户端。消息是使用命名的主题进行路由的，而不是直接发送到单个客户端。客户端可以发布一个主题，任何订阅该主题的客户端都会收到该消息，如图 15-2 所示。

图 15-2　MQTT 代理的关系

🎓 做一些研究：如果你有大量的物联网设备，如何确保你的 MQTT 代理能够处理所有的消息？

一些开源的 MQTT 代理

　　如果有条件，我们可以自己搭建 MQTT 代理，但如果你还没有打算搭建服务器和应用，只是为了学习相关知识，可以先从一些开源的 MQTT 代理开始。

Eclipse Mosquitto

　　如图 15-3 所示，这是一个开源的 MQTT 代理，在 Mosquitto 的测试服务器上是公开可用的，而且不需要设置账户，是非常不错的测试 MQTT 客户端和服务器的工具。

shiftr.io

　　shiftr.io 是用于互连项目的物联网平台，使用其云服务和桌面应用程序能快速连接硬件和软件。通过平台的实时图表，还可以一目了然地查看网络中的所有连接、主题和消息。shiftr.io 代理支持 MQTT 和 HTTP 发布、订阅和检索消息，平台支持免费账号，足够我们学习使用。shiftr.io 还在 shiftr.io 公共云端口 1883

图 15-3　Eclipse Mosquitto 官网页面

(MQTT) 和 8883 (MQTTS) 上使用户名 public 提供公共服务器。公共服务器连接的服务和正在交换的数据的视图看着非常酷炫，如图 15-4 所示。

HiveMQ

如图 15-5 所示，HiveMQ 是一个 MQTT 代理和基于客户端的消息传递平台，旨在快速、高效和可靠地将数据移入和移出连接的物联网设备。它使用 MQTT 协议在设备和企业系统之间即时双向推送数据。

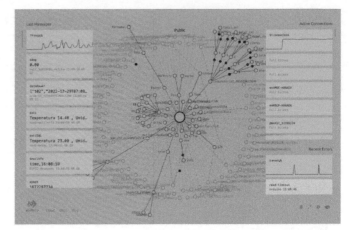

图 15-4 shiftr.io 官网页面的视图

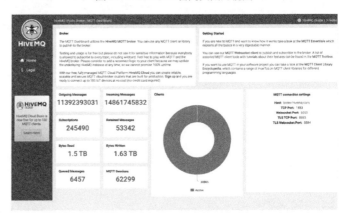

图 15-5 HiveMQ 官网页面

项目制作

任务 1：将 XIAO ESP32C3 连接到 MQTT 代理

给你的智能温 / 湿度仪添加互联网控制功能的第一步是将 XIAO ESP32C3 连接到 MQTT 代理。

在这一部分，你要把第 8 课的智能温 / 湿度仪连接到互联网上，使它能够遥测和被远程控制。在本课的稍后部分，你的设备将通过 MQTT 向一个公共的 MQTT 代理发送一个遥测信息，其温 / 湿度数据会被你将编写的一些服务器程序所接收。该程序将检查温 / 湿度值，并向设备发送一个命令信息，告诉它打开或关闭蜂鸣器，如图 15-6 所示。

服务器程序对传感器数据的评估是非常必要的，例如在一个大型的养殖场，有几十甚至几百个温 / 湿度传感器，如果一个传感器失灵，传递了错误的数据，导致系统自动下发命令开启空调，那造成的损失可能是巨大的。所以在下发命令之前，需要服务器程序评估所有温 / 湿度传感器的数据，若只有一个传感器数据有误，则可以忽略。

🎓 还有哪些情况需要在发送命令前对来自多个传感器的数据进行评估？

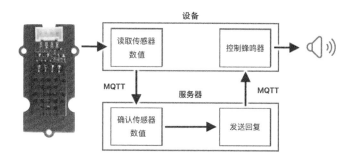

图 15-6 通过 MQTT 实现遥测报警的示意图

按照下面的步骤，将你的设备连接到我们前面介绍过的 MQTT 代理公共云 shiftr.io 所提供的公共服务器上。

添加 arduino-mqtt 库文件

在开始用 Arduino IDE 给 XIAO ESP32C3 编程之前，需要添加必要的库文件。搜索关键字"256dpi/arduino-mqtt"，进入 arduino-mqtt 的 GitHub 页面，单击"Code"→"Download ZIP"下载资源包 arduino-mqtt-master.zip 到本地。

在菜单栏的"项目"→"包含库"→"添加 .ZIP 库…"中添加上一步下载的资源包，直到看到库加载成功的提示。

运行 MQTT 的示例程序

库加载成功后，在 Arduino IDE 中通过以下路径打开 ESP32DevelopmentBoard 示例程序："文件"→"示例"→"MQTT"→"ESP32DevelopmentBoard"，如图 15-7 所示。

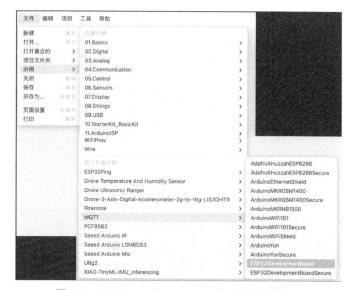

图 15-7 ESP32DevelopmentBoard 示例程序的位置

打开示例程序后，我们可以看到以下程序。然后将程序中的 ssid 修改为你的 Wi-Fi 名称，pass 修改为你的 Wi-Fi 密码。为了方便读者理解，这里将示例程序的注释翻译为中文。

```cpp
// 本示例使用 ESP32 开发板连接到 shiftr.io
#include <WiFi.h>
#include <MQTT.h>
// Wi-Fi 名称
const char ssid[] = "ssid";
// Wi-Fi 密码
const char pass[] = "pass";
WiFiClient net;
MQTTClient client;

unsigned long lastMillis = 0;
void connect() {
    Serial.print("正在检查Wi-Fi连接...");
    while (WiFi.status() != WL_CON-
NECTED) { // 检查 Wi-Fi 连接状态
        Serial.print(".");
// 每隔 1s 检查一次
        delay(1000);
```

```
      }
    Serial.print("\n 正在连接 MQTT 服
务器...");
// 连接 MQTT 服务器
    while (!client.connect("ardui-
no", "public", "public")) {
      Serial.print(".");
// 每隔 1s 尝试连接一次
      delay(1000);
    }
    Serial.println("\nMQTT 服务器已连
接! ");
// 订阅主题 "/hello"
    client.subscribe("/hello");
// 取消订阅主题 "/hello"
// client.unsubscribe("/hello");
}
void messageReceived(String &top-
ic, String &payload) {
    Serial.println(" 收到消息: " +
topic + " - " + payload);
    // 注意: 不要在回调中使用客户端进行
发布、订阅或取消订阅操作, 因为在发送和
接收确认时可能会导致死锁。而要更改全局
变量, 或将其推入队列, 并调用 client.
loop() 后在循环中处理
}
void setup() {
    Serial.begin(115200);
    // 连接 Wi-Fi
WiFi.begin(ssid, pass);
    // 注意: Arduino 不支持本地域名 (例
如 OSX 上的 "Computer.local")
    // 你需要直接设置 IP 地址
    // 连接 MQTT 服务器
    client.begin("shiftr.io 公共云网
址", net);
    client.onMessage(messageRe-
ceived);

    connect(); // 连接 MQTT 服务器
}

void loop() {
    client.loop(); // 处理 MQTT 消息
    delay(10); // 修复 Wi-Fi 稳定性问题
```

```
// 检查 MQTT 连接状态
if (!client.connected()) {
// 重新连接 MQTT 服务器
    connect();
    }

    // 每秒发布一条消息
    if (millis() - lastMillis >
1000) {
        lastMillis = millis();
// 发布主题 "/hello" 上的消息 "world"
        client.publish("/hello",
"world");
    }
}
```

此程序在资源包内的 L15_MQTTESP32
HelloWorld_XIAO 文件夹中。

运行该程序并检查串口监视器是否出现
connected!,如图 15-8 所示,如果能够看到已
连接的客户端,以及实时图表中流动的消息,
说明你的 XIAO 已经在持续向这个公共 MQTT
代理发送数据了!

在浏览器访问 shiftr.io 公共云,可以看到
你发布的消息,不过因为这是一个公共代理,很
快你就找不到自己的设备。

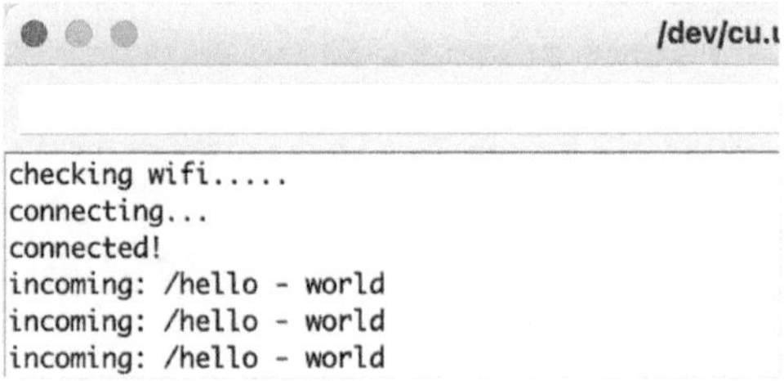

图 15-8 XIAO 已经在持续向公共 MQTT 代理发送
数据

⚠ 注意
这个测试代理是公开的,并不安全,任何人都
可以监听你发布的内容,所以它不应该被用于
任何需要保密的数据。

深入了解 MQTT

MQTT 的主题可以有一个层次结构，客户端可以使用通配符订阅不同层次结构的不同级别。例如，你可以向 **/telemetry/temperature** 主题发送温度遥测信息，向 **/telemetry/humidity** 主题发送湿度信息，然后在你的云应用程序中订阅 **/telemetry/*** 主题以接收温度和湿度遥测信息。

消息发送时可指定服务质量（QoS），确保网络资源（带宽、延迟、抖动等）被有效地分配和管理。

- 最多一次：消息只发送一次，客户端和代理不采取额外的步骤来确认交付（即发即弃）。
- 至少一次：消息由发送方多次重试，直到收到确认（确认送达）。
- 完全一次：发送方和接收方进行两级握手，以确保只收到一份消息的副本（保证送达）。

🎓 哪些情况下可能需要使用即发即弃的通信模式传递消息？

虽然 MQTT（消息队列遥测传输）名称里有"消息队列"，但它实际上并不支持消息队列。这意味着，如果一个客户端断开连接，然后重新连接，它将不会收到在断开连接期间的消息，除了那些它已经开始使用 QoS 流程处理的消息。可以在消息上面设置一个保留标志，这样 MQTT 代理将存储在带有此标志的主题发送的最后一条消息中，并将其发送给以后订阅该主题的任何客户端。这样，客户机将始终获得最新消息。

MQTT 还支持保持在线的功能，在消息之间的长间隔期间检查连接是否仍然处于在线状态。

MQTT 连接可以是公开的，也可以使用用户名、密码或证书进行加密和保护。

🎓 MQTT 通过 TCP/IP 进行通信，与 HTTP 的底层网络协议相同，但端口不同。你也可以通过 WebSockets 上的 MQTT 与在浏览器中运行的网络应用程序进行通信，或者在防火墙或其他网络规则阻止标准 MQTT 连接的情况下进行通信。

遥测

遥测的英文 Telemetry 的词根来自希腊语，意思是远程测量。遥测是指从传感器收集数据并将其发送到云端的行为。

🎓 最早的遥测设备之一是 1874 年在法国发明的，用于从勃朗峰向巴黎发送实时天气和雪深度数据。由于当时还没有无线技术，它使用了物理导线。

如图 15-9 所示，我们以自动调温器为例，它很可能有一个内置的温度传感器，并可能通过低功耗蓝牙（BLE）等无线协议连接到多个外部温度传感器。表 15-1 所示是一组自动调温器发送的遥测数据。

云服务可以使用这些遥测数据决定发送什么命令来控制设备降温或加热。

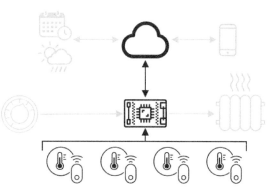

图 15-9 自动调温器的系统架构

表 15-1 自动调温器发送的遥测数据

名称	数值	说明
空调 _ 温度	18° C	由空调的内置温度传感器测量的温度
客厅 _ 温度	19° C	由一个被命名为 `livingroom`，表示其所在房间的远程温度传感器测量的温度
卧室 _ 温度	21° C	由一个被命名为 `bedroom`，表示其所在房间的远程温度传感器测量的温度

任务 2：从 XIAO 向 MQTT 代理发送遥测信息

给智能温 / 湿度仪添加互联网控制功能的下一步，是将温 / 湿度遥测数据发送到遥测主题的 MQTT 代理。

将第 8 课的智能温 / 湿度仪设备的开发板换成 XIAO ESP32C3，如图 15-10 所示。

在 Arduino IDE 载入下面的程序，测试从设备发送遥测数据到 MQTT 代理，注意我们在这个示例尝试了和任务 1 不同的 MQTT 代理：broker.hivemq.com，并设置 XIAO_ESP32C3_Telemetry/ 作为订阅名。

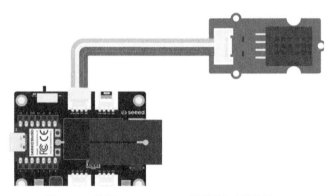

图 15-10 使用 XIAO ESP32C3 开发板的电路连接

```
#include <WiFi.h>  // 引用 Wi-Fi 库
// 引用 MQTT 客户端库
#include <PubSubClient.h>
// 引用 Wire 库 (用于 DHT20 传感器)
#include <Wire.h>
// 引用 DHT 库
#include "DHT.h"
// 定义 DHT20 类型
#define DHTTYPE DHT20
// 创建 DHT 对象
DHT dht(DHTTYPE);

// Wi-Fi 名称
const char* ssid = "ssid";
// Wi-Fi 密码
const char* password = "pass";
// MQTT 服务器地址
const char* mqtt_server = "broker.hivemq.com";
// 创建 Wi-Fi 客户端对象
WiFiClient espClient;
// 创建 MQTT 客户端对象
PubSubClient client(espClient);
// 上一次发送数据的时间戳
long lastMsg = 0;
char msg[50];    // 发送的消息字符串
int value = 0;    // 待发送的数据
float temperature = 0;    // 温度
float humidity = 0;    // 湿度
```

```
void setup() {
// 初始化串口通信
  Serial.begin(115200);
// 配置 Wi-Fi 连接
  setup_wifi();
// 配置 MQTT 服务器
  client.setServer(mqtt_server,
1883);
  Wire.begin(); // 初始化 I²C 总线
  dht.begin(); // 初始化 DHT20 传感器
}

void setup_wifi() {
  delay(10);
  Serial.println();
  Serial.print("Connecting to ");
  Serial.println(ssid);
// 连接 Wi-Fi 网络
  WiFi.begin(ssid, password);
  while (WiFi.status() != WL_CON-
NECTED) {
    delay(500);
    Serial.print(".");
  }
  Serial.println("");
  Serial.println("WiFi connect-
ed");
  Serial.println("IP address: ");
  Serial.println(WiFi.localIP());
}

void reconnect() {
// 循环尝试 MQTT 连接
  while (!client.connected()) {
    Serial.print("Attempting MQTT
connection...");
// 尝试连接 MQTT 服务器
    if (client.connect("XIAO_
ESP32")) {
      Serial.println("connect-
ed");
      client.subscribe("XIAO_
ESP32/LEDOUTPUT");    // 订阅主题
    } else {
      Serial.print("failed,
rc=");
```

```
      Serial.print(client.
state());
      Serial.println(" try again
in 5 seconds");
      delay(5000);
    }
  }
}
void loop() {
// 如果 MQTT 客户端没有连接
  if (!client.connected()) {
    reconnect(); // 重新连接
  }
// MQTT 客户端保持连接
  client.loop();
// 获取当前时间
  long now = millis();
// 存储温 / 湿度值的数组
  float temp_hum_val[2] = {0};
// 如果当前时间与上次消息发送时间间隔超
过 5s
  if (now - lastMsg > 5000) {
// 更新上次消息发送时间
    lastMsg = now;
    dht.readTempAndHumidity(temp_
hum_val); // 读取传感器温 / 湿度值
    temperature = temp_hum_
val[1];    // 获取温度值

// 温度值转换为字符串缓冲区
    char tempString[8];
    dtostrf(temperature, 1, 2,
tempString); // 将温度值转换为字符串
    Serial.print("Temperature:
"); // 打印温度值
    Serial.println(tempString);
// 打印温度字符串
    client.publish("XIAO_ESP32C3_
Telemetry/Temperaturedataread",
tempString); // 发布 MQTT 温度数据
// 获取湿度值
    humidity = temp_hum_val[0];
// 湿度值转换为字符串缓冲区
    char humString[8];
    dtostrf(humidity, 1, 2, hum-
String); // 将湿度值转换为字符串
```

```
    // 打印湿度值
    Serial.print("Humidity: ");
// 打印湿度字符串
    Serial.println(humString);
      client.publish("XIAO_ESP32_
Telemetry/Humiditydataread", hum-
String); // 发布 MQTT 湿度数据
  }
}
```

此程序在资源包内的 `L15_MQTTT elemetry_XIAO` 文件夹中。

然后将程序中的 ssid 修改为你的 Wi-Fi 名称，pass 修改为你的 Wi-Fi 密码。

成功上传程序后，打开串口监视器，如果一切顺利，可以看到设备开始发送温度和湿度数据，如图 15-11 所示。

如何通过其他平台看到传感器的数据？有很多方法，比如使用 MQTT X，可以通过 Bing 搜索关键字"MQTT X"，下载适合你计算机系统的软件并安装，软件界面如图 15-12 所示。

单击"+ New Connection"按钮，进入创

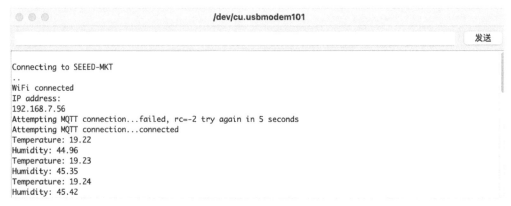

图 15-11 通过串口监视器可以看到设备开始发送温度和湿度数据

图 15-12 MQTT X 界面

建连接的窗口，如图 15-13 所示。在 "Name" 框中填入 "XIAO-DHT20" 作为连接名，"Host" 为我们在程序中设置的 MQTT 服务器地址，其他选项无须设置，然后单击右上角的 "Connect"。

图 15-13 在 MQTT X 中创建新的连接

创建一个新订阅，展示 XIAO_ESP32C3_Telemetry/ 下的所有信息，如图 15-14 所示。

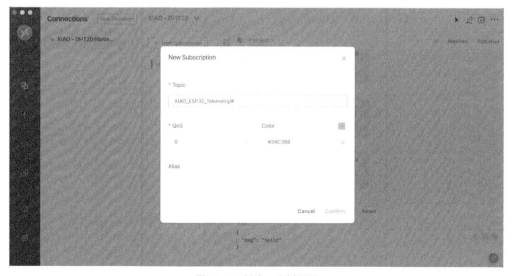

图 15-14 创建一个新订阅

现在，我们可以看到从 XIAO ESP32C3 发送来的遥测数据了，如图 15-15 所示。

图 15-15　在 MQTT X 可以看到从 XIAO ESP32C3 发送来的遥测数据

应该多长时间发送一次遥测数据？

遥测有一个需要仔细考量的问题：多长时间测量和发送一次数据？这取决于被监测的设备和任务的需求。如果你频繁测量，的确可以更快地响应测量的变化，但会让设备消耗更多的电量、更大的带宽，产生更多的数据，需要更多的云资源来处理。因此，你需要找到合适的频率。

对于一个自动调温器来说，每隔几分钟测量一次可能就足够了，因为温度不会经常变化。如果每天只测量一次，那么它可能会在阳光明媚的白天却因为夜间的温度让房子内升温；而如果每秒测量一次，会产生很多不必要的重复数据，这将吞噬用户的互联网速度和带宽（对于带宽计划有限的人来说是个问题），同时也消耗更多的电量（对于远程传感器等需要电池供电的设备来说是个问题），并进一步增加供应商云计算资源处理和存储它们的成本。

对于工厂里的一台机器来说，如果它发生故障，可能会造成灾难性的破坏和数百万元的损失，那么甚至每秒测量多次都可能是必要的。浪费带宽总比错过遥测数据要好，因为遥测数据能帮助人们判断机器是否需要停止和修复。

> 📖 在这种情况下，你可以考虑先用一个边缘设备来处理遥测数据，以减少对互联网的依赖。

失去连接

互联网连接可能是不可靠的，没信号很常见，在这种情况下，物联网设备应该怎么做？它应该丢失数据？还是应该存储数据，直到连接恢复？这同样取决于被监测的设备。

对于自动调温器来说，它一旦进行了新的温度测量，之前的数据可能就会丢失。如果现在的温度是 19°C，加热系统并不关心 20min 前的温度是 20.5°C，因为现在的温度才决定加热是否应该打开或关闭。

对于一些机器来说，保留这些数据可能是有必要的，特别是如果它被用来寻找趋势。有一些机器学习模型可以通过查看定义时间段（如最近一个小时内）的数据，发现数据流中的异常情况。这通常用于预测性维护，寻找某些零件可能很快就会出现损坏的迹象，这样人们就可以在故障发生之前修理或更换它。这就需要让物联网设备在重新连接时，发送互联网中断期间产生的所有遥测数据。

物联网设备设计者还应该考虑物联网设备是否可以在失去信号期间使用。如果一个自动调温器因断网而无法向云端发送遥测数据，它应该能够用其他方式来控制加热。

MQTT 在连接中断的情况下，客户端和服务器端都需要通过确认机制、消息重传、队列持久化等手段来确保消息的可靠传递。

命令

命令（Command）是云服务器向连接到云的设备发出的，可以实现远程控制、配置更新、数据采集等功能。这种远程控制和通信方式在物联网应用中非常常见，可以通过云端控制和管理分布在各地的设备。

以自动调温器为例，根据来自所有传感器的遥测数据，如果云服务已经决定暖气应该打开，那么它就会发送相关的命令。

任务 3：通过 MQTT 代理向 XIAO 发送命令

掌握了遥测后，下一步我们要通过 MQTT 代理向物联网设备发送命令。在这个任务中，我们将尝试使用 MQTT 代理的上位机（可以直接发出操控命令的计算机）发送特定字符，让通过 Wi-Fi 联网的 XIAO ESP32C3 控制插接了扩展板的蜂鸣器发出警告声。

在 Arduino IDE 中载入下面的程序，从 MQTT 代理发送特定字符（首个字符为 0）以激活蜂鸣器，我们在这个示例使用了 MQTT 代理：broker.hivemq.com。

```
#include <WiFi.h> //Wi-Fi库
#include <PubSubClient.h> //MQTT库
#include <Wire.h>

//Wi-Fi 名称
const char* ssid = "ssid";
//Wi-Fi 密码
```

```
const char* password = "pass";
//MQTT 服务器的地址
const char* mqtt_server = "bro-
ker.hivemq.com";
// 创建一个 Wi-Fi 客户端实例
WiFiClient espClient;
// 创建一个 MQTT 客户端实例
PubSubClient client(espClient);
// 上一次发送消息的时间
long lastMsg = 0;
// 消息缓冲区
char msg[50];
// 数值
int value = 0;
// 蜂鸣器引脚
int speakerPin = A3;
// 连接 Wi-Fi
void setup_wifi() {
  delay(10);
  // 连接到 Wi-Fi 网络
  Serial.println();
  Serial.print("Connecting to ");
  Serial.println(ssid);

  WiFi.begin(ssid, password);

  while (WiFi.status() != WL_CON-
NECTED) {
    delay(500);
    Serial.print(".");
  }

  Serial.println("");
  Serial.println("WiFi connect-
ed");
  Serial.println("IP address: ");
  Serial.println(WiFi.localIP());
}

//MQTT 订阅回调函数
void callback(char* topic, byte*
payload, unsigned int length) {
  Serial.print("Message arrived
[");
  Serial.print(topic);
  Serial.print("] ");
```

```
  for (int i = 0; i < length;
i++) {
    Serial.print((char)pay-
load[i]);
  }
  if ((char)payload[0] == '0') {
    Serial.print(" RUN ");
    digitalWrite(speakerPin,
HIGH);   //打开蜂鸣器
    delay(2000);
// 保持 2s
    digitalWrite(speakerPin,
LOW);    //关闭蜂鸣器
    delay(100);
// 短暂等待
  }
  Serial.println();
}

void setup() {
  Serial.begin(115200);
// 初始化串口
  pinMode(speakerPin, OUTPUT);
// 将蜂鸣器引脚设置为输出
  setup_wifi();
// 连接 Wi-Fi
  client.setServer(mqtt_server,
1883);      // 设置 MQTT 服务器
  client.subscribe("XIAO_ESP32/
Recieve");   // 订阅 MQTT 主题
  client.setCallback(callback);
// 设置 MQTT 订阅回调函数
}
// 连接到 MQTT 服务器
void reconnect() {
  // 如果没有连接上 MQTT 服务器, 则一
直尝试连接
  while (!client.connected()) {
    Serial.print("Attempting MQTT
connection...");
    // 尝试连接 MQTT 服务器
    if (client.connect("XIAO_
ESP32")) {
    Serial.println("connected");
      // 订阅消息
    } else {
```

```
      Serial.print("failed,
rc=");
      Serial.print(client.
state());
      Serial.println(" try again
in 5 seconds");
      // 等待 5s 后重试
      delay(5000);
    }
  }
}

void loop() {
  // 如果没有连上 MQTT 服务器, 则尝试
连接并订阅消息
  if (!client.connected()) {
    reconnect();
    client.subscribe("XIAO_ESP32/
Recieve");
  }
  // 处理 MQTT 消息
  client.loop();
}
```

此程序在资源包内的 L15_MQTTCommand
_XIAO 文件夹中。

然后将程序中的 **ssid** 修改为你的 Wi-Fi 名
称, **pass** 修改为你的 Wi-Fi 密码。

程序执行的逻辑说明如下, 在 **setup** 阶段
初始化 XIAO 与 MQTT 服务器的连接, 完成话
题订阅设置和回调函数设定。

```
client.setServer(mqtt_server,
1883);
client.subscribe("XIAO_ESP32/
Recieve");
client.setCallback(callback);
```

这里我们以订阅 **XIAO_ESP32/Recieve**
话题为例, 当我们用上位机发消息到这个
话题时, 程序就会执行对应的回调函数
callback。

```
void callback(char* topic, byte*
payload, unsigned int length) {
```

```
Serial.print("Message arrived [");
Serial.print(topic);
Serial.print("] ");
for (int i=0;i<length;i++) {
    Serial.print((char)
payload[i]);
}
if((char)payload[0]=='0'){
    Serial.print("  RUN");
    digitalWrite(speakerPin,
HIGH);
    delay(2000);
    digitalWrite(speakerPin,
LOW);
    delay(100);
}
Serial.println();
}
```

在这里，它会先打印收到的消息，然后根据收到的消息截取第 0 位，当第 0 位也就是第一个字符位为 0 的时候，满足 if 判断的条件进行动作。我们将 XIAO ESP32C3 和扩展板连接

到一起，满足条件时扩展板的蜂鸣器就会改变一次电平，短暂地鸣叫 2s，同时向串口发出 "RUN" 的提示信息。

在读者开发和测试的过程中，也可以尝试融合 MQTT 的收发功能，在回调函数中发送消息到特定话题，实现发送端可以确保 XIAO 是否接收到消息。

在上位机端，我们用 MQTT X 来测试。打开 MQTT X。

单击 "+ New Connection" 按钮，进入创建连接的窗口。在 "Name" 框中填入 "XIAO-MQTT-Recieve" 作为连接名。"Host" 为我们在程序中设置的 MQTT 服务器地址，其他选项无须设置，单击右上角的 "Connect"。

连接成功后我们可以向指定的话题发布消息，就是我们在 XIAO 上订阅的话题 XIAO_ESP32/Recieve，然后我们在界面右下方 XIAO_ESP32/Recieve 的输入框内输入 "00"，然后单击右下角的发送按钮，如图 15-16 所示。

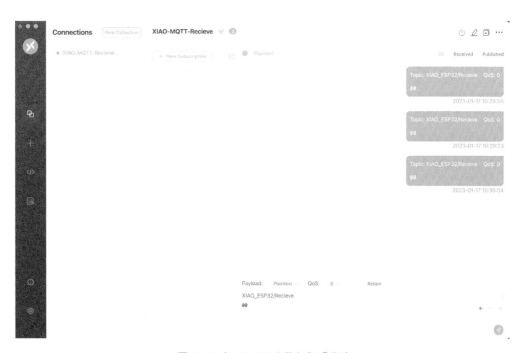

图 15-16 在 MQTT X 中发出 "00" 指令

这时在计算机端的串口监视器可以看到 XIAO 发来的收到消息的提示信息，如图 15-17 所示，提示"RUN"，蜂鸣器会响 2s，代表收到了信息。

现在，我们成功通过计算机端发送的指令驱动了 Wi-Fi 连接的 XIAO ESP32C3 扩展板上的蜂鸣器。

蜂鸣器动作部分可以换成任何外设的控制，以实现自己想要的功能。

失去连接

如果云服务需要向离线的物联网设备发送命令，它应该怎么做？答案同样是视情况而定。

如果最新的命令覆盖了先前的命令，那么先前的命令可能会被忽略。如果云服务发送了一条打开暖气的命令，然后又发送了一条关闭暖气的命令，那么打开的命令可以被忽略，不需要重新发送。

如果命令需要按顺序处理，例如先把机器人手臂移上去，然后关闭抓取器，那么一旦恢复连接，就需要按顺序发送命令。

🎓 如果需要，设备或服务器程序如何确保命令总是按顺序通过 MQTT 发送和处理？

使用 XIAO 的蓝牙功能

有些 XIAO 开发板支持蓝牙功能，大家可以查阅相关 Wiki 文档，了解如何使用蓝牙功能。

• 可 用 Bing 搜 索 关 键 字 "XIAO_ESP32C3_Bluetooth_Usage" 获 取 Seeed Studio XIAO ESP32C3 的蓝牙使用方法。

• 可 用 Bing 搜 索 关 键 字 "Bluetooth Usage (Seeed nRF52 Boards Library)"获取 Seeed nRF52 板 Library 的蓝牙使用方法。

• 可 用 Bing 搜 索 关 键 字 "Bluetooth Usage (Seeed nrf52 mbed-enabled Boards Library)" 获 取 Seeed nRF52 mbed-enabled 板 Library 的蓝牙使用方法。

图 15-17 XIAO 发来的收到消息的提示信息

第四单元
项目实践高级——TinyML 应用

在 XIAO 的系列产品中，Seeed Studio XIAO nRF52840 Sense 具有蓝牙 5.0 无线功能，能够以低功耗运行，板载六轴 IMU 传感器和 PDM 话筒，可以成为 TinyML（微型机器学习）项目的利器。TinyML 解决问题的方式和传统编程方法完全不同，本单元将带你进入这一前沿领域，通过 Edge Impulse 工具学习 TinyML 的数据采集、训练、测试、部署到推理的整个过程。

第 16 课　认识 TinyML 与 Edge Impulse

这一课，我们将了解嵌入式机器学习，TinyML 与其他人工智能的不同之处，以及一些相关的重要应用。本课的目标是帮助你了解什么是 TinyML？为什么我们需要它？Edge Impulse 是能够让开发者通过嵌入式机器学习创建下一代智能设备解决方案的工具之一，本课将带你认识这个工具，并了解构建嵌入式机器学习模型的基本步骤。

常见术语

我们经常听到边缘计算、边缘人工智能、嵌入式机器学习等名词，在开始学习 TinyML 之前，需要先了解这些术语并理解它们的含义。

嵌入式系统

嵌入式系统（Embedded System）是一种仅用于解决少数非常具体的问题且不易更改的计算机，"嵌入"一词意味着它内置于系统中，它是更大系统中的常驻部分。参数嵌入式系统看起来不像计算机，没有键盘、显示器或鼠标。但就像任何计算机一样，它有处理器、软件、输入和输出。

嵌入式系统是控制各种物理电子设备的计算机，它几乎无处不在，从蓝牙耳机、视听影音设备、游戏机、空调、扫地机器人、电饭锅、洗衣机、电动车的控制单元，到通信设备、工厂设备、医疗设备、办公场所，几乎所有用电驱动的设备中都有嵌入式系统的存在。图 16-1 所示为嵌入式系统的一些应用场景。

嵌入式系统有大有小，小的如控制数字手表的微控制器，大的如自动驾驶汽车中的嵌入式计算机。与笔记本计算机或智能手机等通用设备不同，嵌入式系统通常用于执行一项特定的专用任务。

图 16-1　嵌入式系统的一些应用场景

> 做一些研究：看看你身边，有哪些可能存在嵌入式系统的设备？

虽然嵌入式系统的大小和复杂程度各不相同，但它们都包含两个基本组件。

硬件：嵌入式系统的硬件部分由一系列协同工作的组件组成。核心是处理器，负责执行程序指令，可能是微控制器或微处理器。系统还包括用于临时存储和固件存储的内存，以及用于与外

部世界交互的输入 / 输出接口，例如传感器和执行器。电源部分管理系统的能源供应，而通信接口如 USB 或以太网用于与其他系统通信。外围设备和时钟系统也可能是系统的一部分，取决于具体的应用需求。

软件：嵌入式系统的软件部分包括操作系统、固件、驱动程序、引导加载程序（Bootloader）、应用程序和中间件。固件是存储在永久存储器上的软件，用于提供底层硬件控制；引导加载程序负责初始化硬件并加载操作系统；有些系统使用实时操作系统（RTOS）来确保时间敏感任务的及时完成；驱动程序控制硬件组件的低级交互；应用程序负责执行具体任务；中间件则支持更复杂的功能，例如通信协议栈。整个软件架构必须与硬件紧密协同，以实现所需的功能和效率。

嵌入式系统通常还受其部署环境约束。例如，许多嵌入式系统需要使用电池供电运行，因此它们在设计时需要充分考虑能效指标——也许内存有限，或者时钟速度极慢。

工程师为嵌入式系统编程时，时常要面对的挑战就是在这些有限的硬件与环境资源限制下，实现其功能需求。我们在后面学习为 XIAO 建立 TinyML 项目模型时，就需要考虑硬件资源的限制。

边缘计算与物联网

"边缘"（Edge）的概念是和"中心"相对而言的。早期的计算机如 ENIAC 是质量接近 30t，占地面积约 170m² 的庞然巨物，如图 16-2 所示。在这个阶段，计算任务集中在核心机器上。后来出现了小型计算机（Minicomputer），这些小型计算机通常由中央主机和连接主机的多个终端构成，多个用户可以通过终端下达计算指令，而大部分的计算依然发生在中央主机上，如图 16-3 所示。随着时间推移，终端变得越来越复杂，接管了越来越多的中央主机的功能。

直到个人计算机出现（见图 16-4），计算从"中心"真正拓展到了"边缘"。个人

图 16-2 早期的计算机 ENIAC

图 16-3 由中央主机和多个终端构成的小型计算机 pdp11/70

图 16-4 20 世纪 70 年代的王安计算机

计算机的迅速发展，也让那些体型庞大的巨物逐渐没落，计算的天平迅速向"边缘"端倾斜。

互联网的出现和发展，又将大量的服务器集中在一起，以提供各种五花八门的数据存储和计算服务，搜索引擎、流媒体视频、网络游戏、社交网络……高度集中化的云时代到来了，很多互联网服务商拥有规模巨大的数据中心机房（见图16-5）。

理论上，我们所有的计算服务都可以在云端完成。但在大量没有互联网连接的地域、在互联网瘫痪的时段，这些基于云的服务就没有用了。

我们工作和娱乐用的计算机并不是唯一和这些云服务连接的设备，2021 年全球联网的设备多达 122 亿台，我们将这个设备网络称为物联网（IoT）。物联网包括很多你能想到和想不到的设备：手机、智能音箱、联网的监控摄像头、汽车、集装箱、宠物追踪器、工业传感器……

图 16-5 谷歌数据中心

这些设备都是嵌入式系统，包含运行嵌入式软件的微处理器。由于它们位于网络边缘，我们也可以称它们为边缘设备。在边缘设备上执行的计算被称为边缘计算（Edge Computing）。图 16-6 表达了云与边缘设备之间的关系。

网络边缘的设备可以与云、边缘基础设施

图 16-6 云与边缘设备之间的关系

通信，也可以相互通信。例如，数据可能会从配备传感器的物联网设备被发送到本地边缘服务器进行处理。

人工智能（AI）

人工智能 (Artificial Intelligence, AI) 是个非常宽泛的概念，很难定义。模糊讲就是让物拥有像人一样的智能，但对智能本身的定义也存在很多争议，这是一个前沿的、存在大量未知的领域，感兴趣的读者可以自己去探索。这里对人工智能做一个相对狭义的定义：一个可根据某种输入做出明智决策的人工系统。

而机器学习，就是创造人工智能的方法之一。

机器学习（ML）

机器学习（Machine Learning, ML）的主要目标是设计和分析一些让计算机可以自动"学习"的算法。机器学习算法是一类从数据中自动分析获得规律，并利用规律对未知数据进行预测的算法。

举个机器学习常见的例子——连续运动识别。在第 10 课我们学习了三轴加速计，图 16-7 展示了一个内置三轴加速度计和显示屏的 Wio Terminal，我们可以用它来记录几个不同动作的运动数据：wave（挥动）、flip（反转）、idle（静止）。

有了这些不同动作的数据，我们就可以尝试找到让机器识别这些动作模式的方法。传统的方法是手工分析和检查数据，通过数学分析，找到不同动作特定的逻辑规律，然后为这些逻辑规律编写程序来完成识别的动作。说到这里，大家是不是觉得这是个很复杂的任务？

还好我们现在有了机器学习的方法，对这些数据进行训练、测试，获得一个算法，而设备只要运行这个算法，就能够自动完成我们期望的"推理"过程，给出结果。从机器学习的

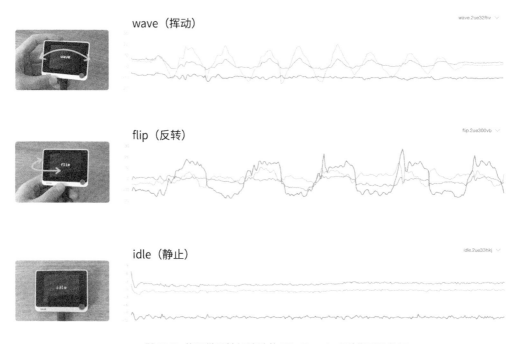

图 16-7 使用带三轴加速计的 Wio Terminal 采集运动数据

发展现状来看，这个方法比较擅长解决复杂数据的场景。我们将在后面进一步学习这个过程。

边缘人工智能（Edge AI）

边缘人工智能就是边缘设备和人工智能的结合。边缘人工智能的发展，源于对系统的更低能耗和更高效率的追求。以现在普遍流行的智能手表和智能腕带为例，它们通常内置加速度计，加速度计每秒可以产生数百次的读数，这个数据量是很大的，而且它们要识别动作状态，还需要连续读取数据。如果对动作的识别是在云端进行的，那智能手表和智能腕带就需要消耗很多能量，将数据发送到云端，云端计算后给出结果的过程通常还会有时延，这使得整个计算过程变得很不经济——能耗大、时延高。这种时延也会导致我们无法有效利用数据做出实时反馈。

边缘人工智能就是解决这个问题的方法，将动作的识别过程放在智能手表和智能腕带上，这样不依赖云端，就能够快速给出结果。如果需要将必要的数据上传到云端，也不必发送大量的传感器数据，而只要将所需的动作识别结果发送出去，这无形中极大地降低了通信量，消耗了更少的电能。

嵌入式机器学习（Embedded ML）

嵌入式机器学习是在嵌入式系统上运行机器学习模型的艺术和科学。当我们谈论嵌入式机器学习时，我们通常指的是机器学习推理——输入数据和做出预测的过程（例如根据加速度计数据猜测运动状态），而训练部分通常仍然在传统计算机上进行。

另外，嵌入式系统通常内存有限，这给许多类型的机器学习模型的运行带来了挑战，这些模型通常对 ROM（如存储模型）和 RAM（如处理推理期间生成的中间结果）都有很高的要求，它们在计算能力方面也经常受到限制。由于许多类型的机器学习模型在计算上相当密集，这也可能会引起问题。

微型机器学习（TinyML）

TinyML 则是进一步在最受限制的嵌入式硬件，如微控制器、数字信号处理器和现场可编程门阵列（Field Programmable Gate Array，FPGA）上实现机器学习的推理过程。

图 16-8 有助于我们更好地理解以上术语之间的关系。

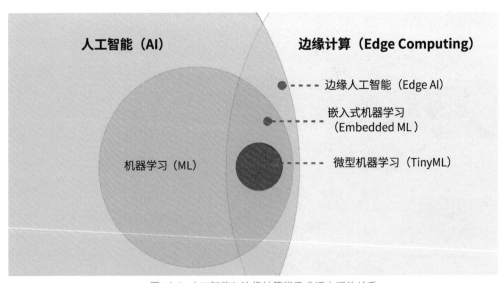

图 16-8　人工智能与边缘计算常见术语之间的关系

边缘人工智能的优势及运作过程

多年来，物联网被称为"机器对机器"（M2M），它涉及连接传感器和各种计算设备之间的控制过程自动化，并在工业机器和流程中得到了广泛采用。

机器学习通过引入无须人工干预即可做出预测或决策的模型，推动了自动化的进一步发展。但由于许多机器学习算法的复杂性，物联网和 ML 的传统方案一般是将原始传感器数据发送到中央服务器，中央服务器执行必要的推理计算，得到预测结果。

直接连接传感器进行机器学习的流程如图 16-9 所示。

对于少量的原始数据和复杂的模型，这种配置可能是可以接受的。然而，它有以下几个潜在的问题。

- 传输大型传感器数据（如图像）可能会占用大量网络带宽。
- 传输数据也需要电量。
- 传感器需要与服务器持续连接，以提供近实时的机器学习计算。

针对这些问题，并且随着机器学习的快速发展，边缘人工智能开始兴起。

Edge AI 和 Vision Alliance 的创始人 Jeff Bier，在其《是什么将人工智能和机器视觉推向边缘》（*What's Driving AI and Vision to the Edge*）的文章中，罗列了将人工智能推向边缘的 5 个因素—— BLERP，分别代表带宽、延迟、经济、可靠性和隐私。

- 带宽（Bandwidth）：如果你有一个商业温室、车间或商场，里面有数百台摄像机，那么就无法将这些信息发送到云端进行处理——这些数据将挤爆你拥有的任何类型的互联网连接。你只需在本地处理它们。
- 延迟（Latency）：这里所说的延迟是指系统接收传感器输入并做出响应之间的时间。想想自动驾驶汽车，如果人行横道上突然有行人出现，汽车的系统可能只有几百毫秒的时间来做出决定——根本没有足够的时间将图像发送到云端并等待回复。
- 经济（Economics）：云计算和通信一直在变得越来越好，且更便宜，但它们仍然需要花钱——可能要花很多钱，特别是在视频数据方面。边缘计算减少了必须发送到云端的数据量，以及随之而来的必须完成的计算工作量，从而大幅降低了成本。
- 可靠性（Reliability）：想想一个带有面部识别的家庭安全系统——即使出现断网的状况，你仍然会希望它能够让你的家人能够进门。本地处理使这成为可能，并使系统有更强的容错性。
- 隐私（Privacy）：边缘音频和视频传感器的迅猛发展造成了严重的隐私泄露问题，将这些信息发送到云端极大地增加了这种隐患。可以在本地处理的信息越多，滥用的可能性就越小——边缘的事情最好边缘搞定。

在大多数情况下，训练机器学习模型需要经过构建模型→训练→推理这 3 个过程，获得

原始传感器数据

物联网传感器　　　　局域网或互联网　　　　服务器（机器学习计算）

图 16-9　直接连接传感器进行机器学习的流程

模型需要比执行推理更密集的计算。

- **构建模型：** 试图从给定数据中集中概括出信息的数学公式。
- **训练：** 从数据中自动更新模型中参数的过程。该模型通过"学习"得出结论并对数据进行概括。
- **推理：** 向训练过的模型提供新的、未见过的数据，对新数据进行预测或分类的过程。

通常，我们会依靠强大的服务器集群来训练新模型，用从现场收集来的原始数据（图像、传感器数据等）构建数据集，并使用该数据集训练出我们的机器学习模型。

> ⚠ **注意**
>
> 在某些情况下，我们可以在设备端进行训练。然而，由于此类边缘设备的内存和处理能力有限，这通常不可行。

一旦我们有一个训练有素的模型，我们就可以将其部署到我们的智能传感器或其他边缘设备上。我们可以使用该模型编写固件或软件来收集原始传感器新的数据，执行推断，并根据这些推断结果采取一些行动，其过程如图16-10所示。这些操作可能是自动驾驶汽车、移动机器人手臂或向用户发送电机故障的通知。推断是在边缘设备上本地执行的，因此设备不需要维护网络连接。

边缘人工智能的应用

在边缘设备上运行机器学习模型，且无须与更强大的计算机保持连接，这为各种自动化工具和更智能的物联网系统创造了可能性。以下是边缘人工智能在各个行业实现创新的几个例子。

环境保护

- 智能电网监控，在早期发现电力线路的故障。

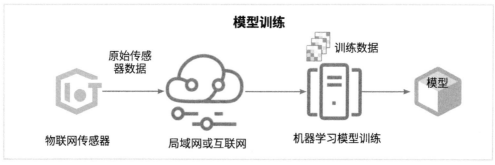

图 16-10 模型训练与推理的流程差异

- 野生动物追踪和行为研究。
- 森林火灾监测预警。

农业

- 精准除草、施肥、喷药或灌溉。
- 自动识别灌溉需求。
- 自动识别作物状态、病虫害状况。

智能建筑

- 监控入侵及异常状态识别。
- 根据房间人数自适应调节的空调系统。

健康与运动

- 追踪睡眠和运动状态的可穿戴设备。
- 便携医疗设备。
- 手势识别。

人机交互

- 语音唤醒词检测。

- 手势识别、设备动作识别以用作辅助控制。

工业

- 安全帽自动检测。
- 机器、设备、设施状态检测。
- 生产线缺陷检测。
- 位置与运动状态检测。

在边缘进行机器学习推理所需的计算能力通常远远高于简单地轮询传感器和传输原始数据。然而，与将原始数据传输到远程服务器相比，在本地进行此类计算通常需要更少的电量。

表 16-1 提供了一些关于应用程序在边缘执行机器学习推理所需的硬件类型的建议。

嵌入式硬件也在快速的升级进化中，相信在不久的未来，这张表的内容会被改写。

表 16-1 关于应用程序在边缘执行机器学习推理所需的硬件类型的建议

应用	低端 MCU	高端 MCU （XIAO 在此类）	NPU （神经网络处理器）	MPU （微处理器）	GPU （图形处理器）
内存	≥ 18KB	≥ 50KB	≥ 256KB	≥ 1MB	≥ 1GB
传感器		✓	✓	✓	✓
音频	✓	✓	✓	✓	✓
图像		✓	✓	✓	✓
视频				✓	✓

Edge Impulse 的介绍

Edge Impulse 由 Zach Shelby 和 Jan Jongboom 于 2019 年创立。是领先的边缘设备机器学习开发平台。这个平台使开发人员能够使用真实世界的数据创建和优化解决方案，并且让构建、部署和扩展嵌入式 ML 应用程序的过程比以往任何时候都更容易、更快。

可以访问 Edge Impulse 的官方网站了解这个工具，访问官方文档进一步了解这个工具的基本说明。

下面我们将通过两节课，分别使用图 16-11 所示的 Seeed Studio XIAO nRF52840 Sense 板

载的六轴加速度计实现连续运动识别，以及用板载的 PDM 话筒实现语音关键字唤醒功能。

图 16-11　Seeed Studio XIAO nRF52840 Sense

第 17 课　用 XIAO nRF52840 Sense 实现异常检测和运动分类

本课原文来自 Marcelo Rovai 在 Hackster 官网发表的 *TinyML Made Easy: Anomaly Detection & Motion Classification* 一文（© GPL3+）。

微控制器（MCU）是非常便宜的电子元件，通常只有几千字节的 RAM，旨在使用极少的能量工作。它们几乎可以在任何消费、医疗、汽车和工业设备中找到。随着物联网（IoT）时代的到来，这些 MCU 中的很大一部分正在生成海量数据，其中大部分由于数据传输的高成本和复杂性（带宽和延迟）而未被使用。

另外，近几十年来，我们已经看到机器学习模型在非常强大但耗电的大型计算机中使用大量数据进行训练的诸多进展。这些新技术让我们可以利用设备获取的图像、音频或加速度计等信号，借助机器学习的算法从信号中提取其意义。

更重要的是，我们可以使用极低的功率在 MCU 和传感器本身上运行这些算法，解释更多我们目前忽略的传感器数据。这就是 TinyML，一种给物理世界带来机器智能的新技术。

在本课中，我们将探索 TinyML，让它运行在一个强悍且小巧的设备——XIAO nRF52840 Sense（也称为 XIAO BLE Sense）上。

本课中用到的软件和在线服务程序有 Arduino IDE 和 Edge Impulse Studio。

背景知识

XIAO nRF52840 Sense 的硬件概览如图 17-1 所示，如果想了解其主要特点，可以查看本书前言部分的相关内容。

连接 XIAO nRF52840 Sense 和 Arduino IDE

测试和使用开发板的简单方法是使用 Arduino IDE。Windows 系统的用户可在顶部菜单导航至"文件"→"首选项"（macOS 系统的用户可导航至"Arduino IDE"→"首选项"），确保配置文件链接被写入"其他开发板管理器地址"（此步骤可参考本书第 1 课中的"将 Seeed Studio XIAO 添加到 Arduino IDE 中"的内容）。

然后，在顶部菜单导航至"工具"→"开发板"→"开发板管理器"，在搜索框中输入关键字"seeed nrf52"。可以看到有两个安装包：Seeed nRF52 Boards 和 Seeed nRF52 mbed-enabled Boards，如图 17-2 所示，这两个安装包的差异如下。

- **Seeed nRF52 Boards：** 对蓝牙和低功耗兼容友好，适合做一些蓝牙和低功耗有关的应用。
- **Seeed nRF52 mbed-enabled Boards：** 对 TinyML 支持友好，适合制作与 TinyML 或者蓝牙有关的项目，但不适用于对低功耗要求较高的应用。

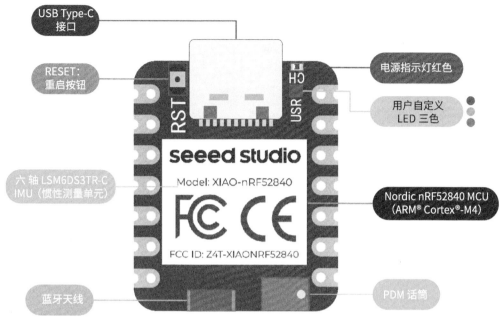

图 17-1　XIAO nRF52840 Sense 的硬件概览

因为我们要做的是 TinyML 项目，所以选择最新版本的 Seeed nRF52 mbed-enabled Boards 安装包进行安装，直至在输出窗口看到安装成功的提示。

现在可以从 Arduino IDE 的以下路径访问该设备，选择我们需要的开发板和串口，"工具"→"开发板：'Seeeduino xIAO'"→"Seeed nRF52 mbed-enabled Boards"→"Seeed XIAO BLE Sense - nRF52840"。

此时，开发板已准备好在其上运行程序了，让我们从 Blink——点亮 LED 开始。注意该板没有常规 LED，它有一个可以使用"反向逻辑"激活的 RGB LED（应用 LOW 来激活 LED 点亮 3 种颜色）。使用以下程序测试 RGB LED。

```
void setup() {

    // 初始化串口通信
    Serial.begin(115200);
```

```
    // 等待串口连接
    while (!Serial);
    // 输出提示信息
    Serial.println(" 串口已启动 ");

    // 设置板载 RGB LED 引脚为输出模式
    pinMode(LEDR, OUTPUT);
    pinMode(LEDG, OUTPUT);
    pinMode(LEDB, OUTPUT);

    // 注意：当引脚输出低电平时，RGB
    LED 亮；当输出高电平时，RGB LED 灭
    digitalWrite(LEDR, HIGH);
    digitalWrite(LEDG, HIGH);
    digitalWrite(LEDB, HIGH);

}

void loop() {
    // 点亮红色 LED
    digitalWrite(LEDR, LOW);
    // 输出提示信息
```

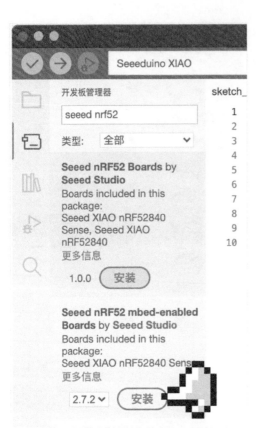

图 17-2　Seeed nRF52 Boards 和 Seeed nRF52 mbed-enabled Boards 安装包

```
Serial.println("红色LED已点亮");
// 延迟 1s
delay(1000);
// 关闭红色 LED
digitalWrite(LEDR, HIGH);
// 输出提示信息
Serial.println("红色LED已关闭");
// 延迟 1s
delay(1000);

// 点亮绿色 LED
digitalWrite(LEDG, LOW);
// 输出提示信息
Serial.println("绿色LED已点亮");
// 延迟 1s
delay(1000);
// 关闭绿色 LED
```

```
digitalWrite(LEDG, HIGH);
// 输出提示信息
Serial.println("绿色LED已关闭");
// 延迟 1s
delay(1000);

// 点亮蓝色 LED
digitalWrite(LEDB, LOW);
// 输出提示信息
Serial.println("蓝色LED已点亮");
// 延迟 1s
delay(1000);
// 关闭蓝色 LED
digitalWrite(LEDB, HIGH);
// 输出提示信息
Serial.println("蓝色LED已关闭");
// 延迟 1s
delay(1000);
}
```

此程序在资源包内的 L17-Seeed_Xiao_Sense_bilnk_RGB 文件夹中。

将 XIAO nRF52840 Sense 和计算机连接，在 Arduino IDE 中上传程序，打开串口监视器并查看 XIAO 上 LED 的效果，如图 17-3 所示。

测试六轴 LSM6DS3TR-C 加速度计

我们要实现运动分类检测，所以需要先了解一下 XIAO nRF52840 Sense 板载的六轴 LSM6DS3TR-C IMU 的用法。它包括一个系统级封装的 3D 数字加速度计和一个 3D 数字陀螺仪。测试前先要安装所需的库文件。

添加 Seeed_Arduino_LSM6DS3 库文件

在开始用 Arduino IDE 给加速度计编程之前，需要添加传感器必要的库文件。使用 Bing 搜索关键字"Seeed_Arduino_LSM6DS3"，进入 GitHub 页面，单击"Code"→"Download ZIP"下载资源包 Seeed_Arduino_LSM6DS3-master.zip 到本地。

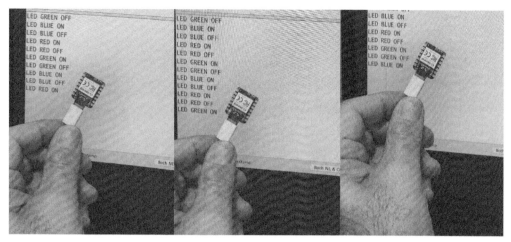

图 17-3 循环点亮和关闭 3 种颜色 LED 的效果

在菜单栏的"项目"→"包含库"→"添加 .ZIP 库..."中添加上一步下载的资源包，直到看到库加载成功的提示。

运行基于哈佛大学 TinyMLx - Sensor Test 的测试程序

现在，运行下面基于哈佛大学 TinyMLx - Sensor Test 的测试程序。

```
#include "LSM6DS3.h"
#include "Wire.h"
// 创建一个 LSM6DS3 对象，I²C 模式，设
备地址为 0x6A
LSM6DS3 xIMU(I2C_MODE, 0x6A);
// 设置 IMU 模块类型：0 - accelerom-
eter, 1 - gyroscope, 2 - thermom-
eter
int imuIndex = 0;
// 标志变量，表示是否接收到串口传输
的命令
bool commandRecv = false;
// 标志变量，表示是否开始传输数据
bool startStream = false;
void setup() {
  // 初始化串口通信，波特率为 115200
  Serial.begin(115200);
  // 等待串口打开，直到连接成功
  while (!Serial);
```

```
  // 配置 IMU 模块
  if (xIMU.begin() != 0) {
      Serial.println("Device er-
ror");
  } else {
      Serial.println("Device
OK!");
  }
  // 打印欢迎信息和可用命令
  Serial.println("Welcome to the
IMU test for the built-in IMU on
the XIAO BLE Sense\\n");
  Serial.println("Available com-
mands:");
  Serial.println("a - display ac-
celerometer readings in g's in x,
y, and z directions");
  Serial.println("g - display gy-
roscope readings in deg/s in x, y,
and z directions");
  Serial.println("t - display
temperature readings in oC and
oF");
}
void loop() {
  // 读取串口输入的命令
  String command;
  while (Serial.available()) {
    char c = Serial.read();
    if ((c != '\\n') && (c != '\\
```

```
    r')) {
        command.concat(c);
    } else if (c == '\\r') {
      commandRecv = true;
      command.toLowerCase();
    }
  }
  // 解释命令
  if (commandRecv) {
    commandRecv = false;
    if (command == "a") {
      imuIndex = 0;
      if (!startStream) {
        startStream = true;
      }
      delay(3000); // 稍作延迟，等
待 IMU 模块启动
    }
    else if (command == "g") {
      imuIndex = 1;
      if (!startStream) {
        startStream = true;
      }
      delay(3000); // 稍作延迟，等
待 IMU 模块启动
    }
    else if (command == "t") {
      imuIndex = 2;
      if (!startStream) {
        startStream = true;
      }
      delay(3000); // 稍作延迟，等
待 IMU 模块启动
    }
  }
  // 读取 IMU 模块的数据并打印
  float x, y, z;
  if (startStream) {
  // 测试加速度计
    if (imuIndex == 0) {
      // 加速度计
      x = xIMU.readFloatAccelX();
      y = xIMU.readFloatAccelY();
      z = xIMU.readFloatAccelZ();
      Serial.print("\\nAccelerom-
eter:\\n");
```

```
      Serial.print("Ax:");
      Serial.print(x);
      Serial.print(' ');
      Serial.print("Ay:");
      Serial.print(y);
      Serial.print(' ');
      Serial.print("Az:");
      Serial.println(z);
    }
  // 测试陀螺仪
    else if (imuIndex == 1) {
      // 陀螺仪
      Serial.print("\\nGyro-
scope:\\n");
      x = xIMU.readFloatGyroX();
      y = xIMU.readFloatGyroY();
      z = xIMU.readFloatGyroZ();
      Serial.print("wx:");
      Serial.print(x);
      Serial.print(' ');
      Serial.print("wy:");
      Serial.print(y);
      Serial.print(' ');
      Serial.print("wz:");
      Serial.println(z);
    }
  // 测试温度计
    else if (imuIndex == 2) {
      // 温度计
      Serial.print("\\nThermome-
ter:\\n");
      Serial.print(" Degrees oC =
");
      Serial.println(xIMU.read-
TempC(), 0);
      Serial.print(" Degrees oF =
");
      Serial.println(xIMU.read-
TempF(), 0);
      delay(1000); // 稍作延迟
    }
  }
}
```

此程序在资源包内的 L17-xiao_test_
IMU 文件夹中。

在 Arduino IDE 中上传并运行上面的程序后，打开 Arduino IDE 中的串口监视器。如图 17-4 所示，可以选择 3 个选项之一进行测试。

- a：加速度计（在串口绘图仪上查看结果）。
- g：陀螺仪（在串口绘图仪上查看结果）。
- t：温度（查看串口监视器上的结果）。

图 17-5 显示了串口监视器或串口绘图仪输出的 3 个不同选项的结果（注意将波特率切换到 115200）。

在本课中，我们将模拟货柜运输中的机械应力状态。我们将货柜的运动状态分为 4 类。

- **maritime:** 海事运输状态（货柜置于船上的状态）。
- **terrestrial:** 陆地运输状态（货柜置于卡车或火车上的状态）。

- **lift:** 升降机状态（叉车正在处理货柜的状态）。
- **idle:** 放置状态（货柜静止放置的状态）。

如图 17-6 所示，我们可以看到，公路运输和铁路运输主要与水平运动相关联，叉车转移与垂直运动相关联，放置与运动不相关，海运与 3 个轴向的运动相关联。

Devices（设备）——将设备连接到 Edge Impulse Studio

进行数据收集时，首先要将设备连接到 Edge Impulse Studio，它也将用于数据预处理、模型训练、测试和部署。

在 Bing 中搜索关键字"docs/edge-impulse-cli/cli-installation"，按照 Edge Impulse CLI 官方的说明文档在计算机上安装 Node.js 和 Edge Impulse CLI。

安装 Edge Impulse CLI

Edge Impulse CLI 用于控制本地设备，充

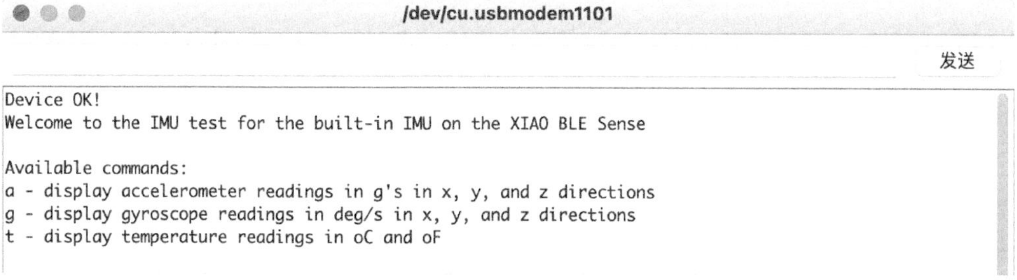

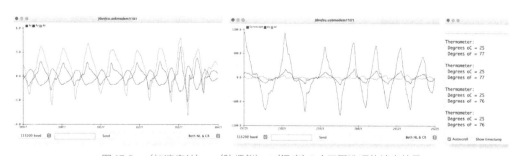

图 17-4 串口监视器显示的 3 个命令选择提示

图 17-5 a（加速度计）、g（陀螺仪）、t（温度）3 个不同选项的输出结果

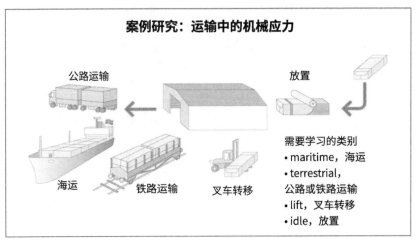

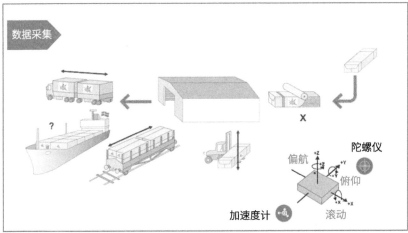

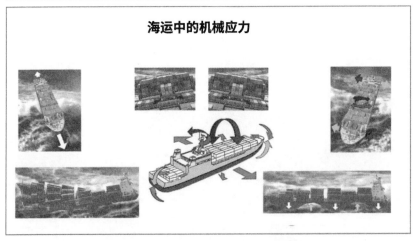

图 17-6 货柜运输中的机械应力状态分析

当代理，为没有 Internet 连接的设备同步数据，以及上载和转换本地文件。Edge Impulse CLI 由以下工具组成。

- **edge-impulse-daemon（守护程序）**：通过串行方式配置设备，并充当没有 IP 连接的设备的代理。
- **edge-impulse-uploader（上传器）**：允许上传和签名本地文件。
- **edge-impulse-data-forwarder（数据转发器）**：通过串行连接从任何设备收集数据并将数据转发到 Edge Impulse。
- **edge-impulse-run-impulse（运行脉冲）**：显示设备上运行的脉冲。
- **edge-impulse-blocks（块工具）**：创建组织转换、自定义 dsp、自定义部署和自定义转移学习块。
- **himax-flash-tool（himax 闪存工具）**：用于通过串行连接将新的二进制文件上传到 Himax WE-I Plus。

最新版本的 Google Chrome 和 Microsoft Edge 可以直接连接到完全支持的开发板，无须使用 CLI。可通过 Bing 搜索关键字 "Collect Sensor Data Straight From Your Web Browser" 查阅相关文档。

⚠ 注意：XIAO nRF52840 Sense 目前还不是 Edge Impulse 完全支持的开发板。

在 macOS 和 Windows 环境安装 Edge Impulse CLI

（1）在主机上安装 Python 3。
（2）在主机上安装 Node.js v14 或更高版本。

对于 Windows 用户，请在出现提示时安装其他 Node.js 工具（在较新版本上被称为本机模块工具）。

（3）通过以下方式安装 CLI 工具。

```
npm install -g edge-impulse-cli
--force
```

你现在应该在 PATH 中拥有了可用的工具。

如果没有，请创建一个 Edge Impulse 账号，许多 CLI 工具需要用户登录 Edge Impulse 才能连接到 Edge Impulse Studio。

在 Linux/Ubuntu、macOS 和 Raspbian OS 环境安装 Edge Impulse CLI

（1）在主机上安装 Python 3。
（2）在主机上安装 Node.js v14 或更高版本。或者在终端运行以下命令。

```
curl -sL https://deb.nodesource.
com/setup_14.x | sudo -E bash -
sudo apt-get install -y nodejs
node -v
```

运行 node-v 将返回当前安装的 Node.js 版本，确保 Node.js 版本在 v14 及以上。
让我们验证节点安装目录。

```
npm config get prefix
```

如果它返回 **/usr/local/**，运行以下命令来更改 npm 的默认目录。

```
mkdir ~/.npm-global
npm config set prefix '~/.npm-
global'
echo 'export PATH=~/.npm-global/
bin:$PATH' >> ~/.profile
```

在 macOS 上，可能默认使用 zsh，因此你需要更新正确的配置文件。

```
mkdir ~/.npm-global
npm config set prefix '~/.npm-
global'
echo 'export PATH=~/.npm-global/
bin:$PATH' >> ~/.zprofile
```

（3）通过以下方式安装 CLI 工具。

```
npm install -g edge-impulse-cli
```

给 XIAO nRF52840 Sense 编程以发送 IMU 传感器数据到串口

由于 XIAO nRF52840 Sense 目前还不是 Edge Impulse 完全支持的开发板,需要使用 CLI 数据转发器从我们的传感器捕获数据并将其发送到 Edge Impulse Studio,如图 17-7 所示。

因此,你的设备应该连接到串口并运行一个程序,该程序将从 IMU(加速度计)捕获数据,在串口上打印它们。此外,Edge Impulse Studio 将捕获它们。

首先在 Arduino IDE 上编辑以下程序,并上传到 XIAO nRF52840 Sense。

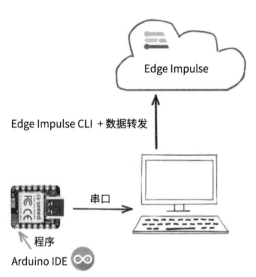

图 17-7 用 CLI 数据转发器从传感器捕获数据并将其发送到 Edge Impulse Studio

```
// 程序描述: 在 XIAO nRF52840 Sense
上使用内置 IMU (加速度计) 的数据转发程
序
#include "LSM6DS3.h"
#include "Wire.h"
// 创建一个 LSM6DS3 对象, I²C 模式, 设
备地址为 0x6A
LSM6DS3 xIMU(I2C_MODE, 0x6A);
//I²C 设备地址 0x6A
#define CONVERT_G_TO_MS2
9.80665f
// 将加速度的单位从 g 转换为 m/s²
#define FREQUENCY_HZ 50 // 采样频率
#define INTERVAL_MS (1000 / (FRE-
QUENCY_HZ + 1)) // 采样间隔
static unsigned long last_inter-
val_ms = 0;
void setup() {
    // 初始化串口通信, 波特率为 115200
    Serial.begin(115200);
    // 等待串口打开, 直到连接成功
    while (!Serial);
    // 配置 IMU 模块
    if (xIMU.begin() != 0) {
        Serial.println(" 设备出现错
误");
    } else {
        Serial.println(" 设 备
```

```
OK! ");
    }
    // 打印欢迎信息
    Serial.println(" 数据转发 - 使用
XIAO BLE Sense 上的内置 IMU (加速度
计) \\n");
}
void loop() {
    float x, y, z;
    if (millis() > last_interval_
ms + INTERVAL_MS) {
        last_interval_ms = mil-
lis();
// 读取加速度计数据
        x = xIMU.readFloatAc-
celX();
        y = xIMU.readFloatAcce-
lY();
        z = xIMU.readFloatAc-
celZ();
// 将加速度的单位从 g 转换为 m/s² 并打印
        Serial.print(x * CONVERT_
G_TO_MS2);
        Serial.print('\\t');
        Serial.print(y * CONVERT_
```

```
G_TO_MS2);
        Serial.print('\\t');
        Serial.println(z * CON-
VERT_G_TO_MS2);
    }
}
```

此程序在资源包内的 **L17-XIAO_BLE_Sense_Accelerometer_Data_Forewarder** 文件夹中。

上传成功后，如图 17-8 所示，打开串口绘图仪，我们能看到 XIAO 的 IMU 传感器的数据正在源源不断地被输出到串口，晃动 XIAO 可以看到数据随之动态变化。

将数据与 Edge Impulse 的项目连接

在计算机浏览器的 Edge Impulse 页面创建一个项目，我将项目命名为"XIAO BLE Sense -Test"。在计算机的终端上启动 CLI 数据转发器，输入以下命令。

```
$ edge-impulse-data-forwarder
--clean
```

接下来，输入 EI 凭证，并选择项目"XIAO BLE Sense - Test"，然后按提示为 EI 收到的串口数据示例 [-1.52,0.02,9.71] 输入对应的变量名"accX, accY, accZ"，并用英文逗号隔开，完成后按提示为使用的传感器输入一个设备名

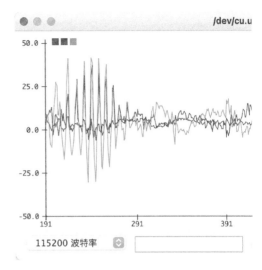

图 17-8 串口绘图仪显示 IMU 传感器数据

"XIAO BLE Sense"。直到看到连接成功的提示，如图 17-9 所示。

在计算机浏览器的 Edge Impulse 页面转到 XIAO BLE Sense - Test 项目，从左侧的菜单选择"Devices"（设备），在设备列表里可以查看到刚才在终端里设置的设备是否已出现并连接。如图 17-10 所示，"XIAO BLE Sense"设备的"REM…"栏对应的点为绿色就表示当前连接成功。

图 17-9 在计算机的终端上启动 CLI 数据转发器后的对话过程

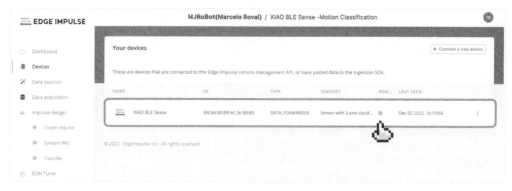

图 17-10 "REM…"栏的绿点表示设备已成功连接

数据采集(Data Acquisition)

如图 17-11 所示,将 XIAO nRF52840 Sense 用胶布粘在一个形似货柜的盒子上,模拟货柜的

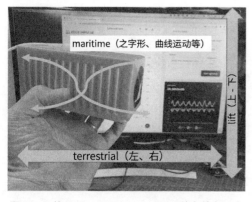

maritime(之字形、曲线运动等)

terrestrial(左、右)

图 17-11 将 XIAO nRF52840 Sense 用胶布粘在一个形似货柜的盒子上

运动并采集数据。如前所述,我们应该从以下 4 个运输动作类中捕获数据。

- maritime:海事运输状态(之字形运动)。
- terrestrial:陆地运输状态(左右运动)。
- lift:升降机状态(上下运动)。
- idle:放置状态。

在确保设备成功连接的状态下,单击"Edge Impulse"左侧菜单的"Data acquisiton"(数据采集),进入数据采集界面。在"Record new data"面板中的"Label"中输入准备记录动作的标签名,如图 17-12 所示,输入完毕后按"Start samping"按钮启动数据采集。

用手持盒子模拟输入标签对应的动作,图 17-12 展示了一个 10s 的 lift 动作的样本(原始数据)。

我们可以为 4 个类捕获 10 个样本,每个样本 10s。在每个类别中选择两个样本,单击样本后面的 3 个圆点图标,在弹出的菜单中选择"Move to test set",将它们移动到测试集。

现在我们总共有 40 个样本,其中 32 个在 TRAIN 集(训练集),8 个在 TEST 集(测试集)。

数据预处理

加速度计捕获的原始数据类型是"time series"(时间序列),可以将其转换为"tabular data"(表格数据)。我们可以使用样本数据上的滑动窗口来模拟这种转换。例如，在图 17-13 中可以看到以 62.5Hz 的采样率捕获 10s 的加速度计数据。一个 Window size（窗口尺寸）为 2s 的窗口在 3 个轴上将捕获 375（3×2×62.5= 375）个原始特征。然后 Window increase（窗口间隔）为 80ms，即每

80 ms 滑动一次此窗口，由此创建一个更大的数据集，其中每个实例都有 375 个原始特征。

⚠ 注意

在此示例中，我们使用 62.5 Hz 作为采样率（SR），而在我们的项目中使用的采样率为 51Hz。应该在

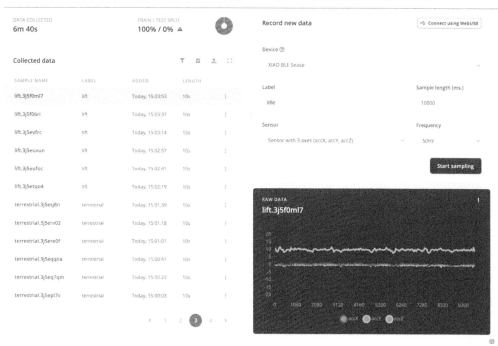

图 17-12　在 Edge Impulse 中采集动作数据

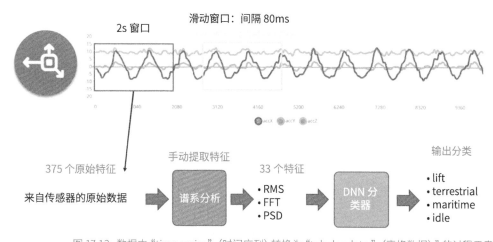

图 17-13　数据由 "time series"（时间序列）转换为 "tabular data"（表格数据）"的过程示意

考虑奈奎斯特定理的情况下，使用最适合项目的采样率。该定理指出，周期性信号的采样率必须是该信号最高频率分量的 2 倍以上。

在 Studio 上，此数据集将作为谱系分析块的输入，该块非常适合分析具有重复性的运动，例如来自加速度计的数据。该块提取信号随时间变化的 RMS（Root Mean Square，均方根）、FFT（Fast Fourier Transform，快速傅里叶变换）和 PSD（Power Spectral Density，功率谱密度）

的值，如图 17-14 所示，从而生成包含 33 个特征（每个轴 11 个）的表格数据集。这 33 个特征将成为神经网络分类器的输入张量。

模型设计

我们的分类器将是一个密集神经网络 (DNN)，其输入层有 33 个神经元，两个隐藏层分别有 20 个和 10 个神经元，输出层有 4 个神经元（每个类一个），如图 17-15 所示。

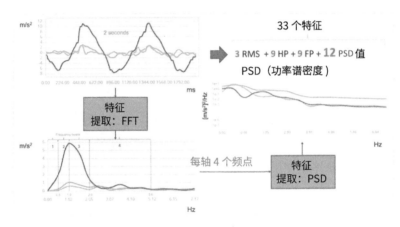

图 17-14 33 个特征（每轴 11 个）的表格数据集生成过程示意图

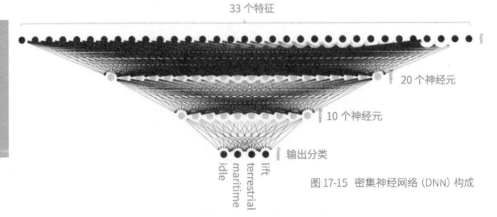

图 17-15 密集神经网络 (DNN) 构成

脉冲设计（Impulse design）

如图 17-16 所示，一个完整的 Impulse（脉冲）由 3 个构建块组成：input block（输入块）、processing block（处理块）、learning block（学习块）。图 17-16 展示了还没有添加 3 个构建块时的界面，我们的机器学习管道将通过添加这 3 个构建块来实现。

脉冲通过输入块获取原始数据，使用处理块来提取特征，然后使用学习块对新数据进行分类。在我们的这个连续动作识别中，分别添加以下构建块。

1. 添加 input block（输入块）：Time series data（时间序列数据）

单击添加输入块按钮，如图 17-17 所示，在弹出的添加输入块窗口中选择 Time series data（时间序列数据），以匹配我们采集的传感器数据类型。

如图 17-18 所示，根据上面我们在数据预处理部分的计算，在出现的时间序列数据块上

设置 Windows size（窗口尺寸）为 2000 ms（2s），Window increase（窗口间隔）为 80ms，Frequency（频率）为 51Hz。

2. 添加 processing block（处理块）：Spectral Analysis（谱系分析）

单击添加处理块按钮，如图 17-19 所示，在弹出的窗口中选择 Spectral Analysis（谱系分析），以匹配我们运动分析的任务类型。添加处理块后的效果如图 17-20 所示。

3. 添加 learning block（学习块）：Classification（分类）

单击添加学习块按钮，如图 17-21 所示，在弹出的添加学习块窗口中选择 Classification（分类），以匹配我们运动分析的任务类型。

添加后的脉冲设计界面如图 17-22 所示，现在机器学习的管道已经搭建好了。

除此之外，我们还可以利用第二种模型——

图 17-16 Edge Impulse 的 Create impulse（创建脉冲）由 3 个构建块组成

图 17-17 选择添加一个 Time series data（时间序列数据）

图 17-18 时间序列数据
块的参数设置

图 17-19 选择添加一个
Spectral Analysis (谱系
分析)

图 17-20 添加了 Spectral Analysis (谱系分析) 块
的效果

K-means，它可用于异常检测。如果我们将已知的类作为集群，那么任何不适合它的样本都可能
是异常（Anomaly）值，例如船在海上时集装箱滚出落海，如图 17-23 所示。

　　为此，我们可以使用进入 NN 分类器的相同输入张量作为 K-means 模型的输入，如图 17-24
所示。再次单击添加学习块按钮，如图 17-25 所示，在弹出的添加学习块窗口中选择 Anomaly
Detection (K-means)。

图 17-21 选择添加一个 Classification（分类）

输入块　　　　处理块　　　　学习块　　　　输出分类

Spectral Analysis（谱系分析）　Classification（分类）

• lift
• terrestrial
• maritime
• iddle

图 17-22　已完成的脉冲设计界面

我们最终的脉冲设计界面如图 17-26 所示，单击最右侧的"Save Impulse"（保存脉冲）按钮。

生成特征

此时在我们的项目中，已经定义了预处理方法和设计的模型，到了完成工作的时候了。首先，让我们获取原始数据（时间序列类型）并将其转换为表格数据。转到"Spectral features"（谱系特征）选项卡，单击"Save parameters"（保存参数）按钮，如图 17-27 所示。

保存参数后，软件会自动进入"Generate features"（生成特征）选项卡，我们勾选"Calculate feature importance"（计算特征重要性）选项，方便后面进行异常检测。最后单击"Generate features"（生成特征）按钮，如图 17-28 所示。

Anomaly：异常
不好了！
lift：升降机状态
maritime：海
事运输状态

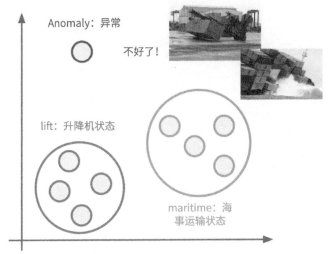

图 17-23 需要考虑出现 Anomaly（异常）的情况

输出分类
Spectral
Analysis
（谱系分析）
Classification
（分类）
K-Means
（异常检测）
• lift
• terrestrial
• maritime
• idle
• Anomaly

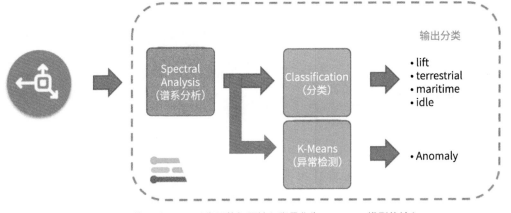

图 17-24 使用进入 NN 分类器的相同输入张量作为 K-means 模型的输入

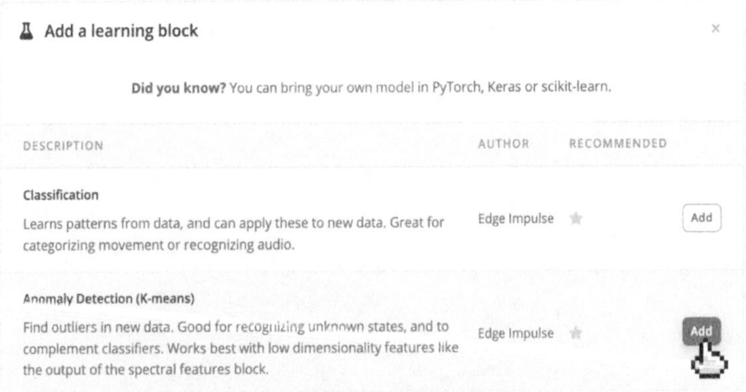

Add a learning block
Did you know? You can bring your own model in PyTorch, Keras or scikit-learn.
DESCRIPTION
AUTHOR
RECOMMENDED
Classification
Learns patterns from data, and can apply these to new data. Great for categorizing movement or recognizing audio.
Edge Impulse
Add
Anomaly Detection (K-means)
Find outliers in new data. Good for recognizing unknown states, and to complement classifiers. Works best with low dimensionality features like the output of the spectral features block.
Edge Impulse
Add

图 17-25 选择添加一个 Anomaly Detection（K-means）用于异常检测

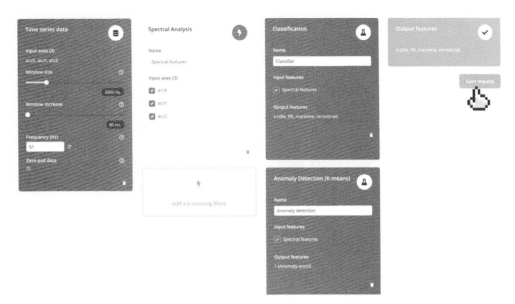

图 17-26 添加了 Anomaly Detection (K-means) 的脉冲设计界面

图 17-27 Edge Impulse 的 "Spectral features" (谱系特征) 选项卡界面

　　每个 2s 窗口数据都将转换为一个数据点，每个数据点包含 33 个特征。Feature Explorer (特征浏览器) 将使用 UMAP (均匀流形近似和投影) 以二维方式显示这些数据。

　　UMAP 是一种降维技术，可用于类似 t-SNE 的可视化，也可用于一般的非线性降维。

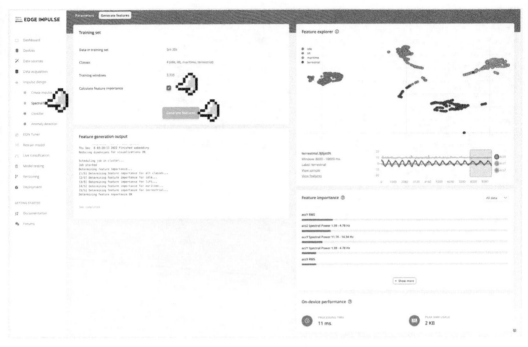

图 17-28 "Generate features"（生成特征）选项卡界面

通过可视化，我们可以验证分类效果是否表现良好，目前看分类器表现应该还不错。
你可以在特征浏览器中单击每一个特征点，了解其所在的样本位置等信息。

训练——分类（Classifier）

我们的模型有 4 层，如图 17-29 所示，在 Edge Impulse 界面的左侧单击"Classifier"（分类）
栏目。作为超参数，我们将使用 0.0005 的学习率和 20% 的数据进行 30 轮训练，如图 17-30 所示，
单击"Start training"按钮开始训练。

训练结果如图 17-31 所示，ACCURACY（准确率）为 100%。

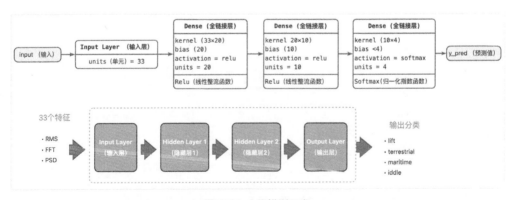

图 17-29 4 层模型示意

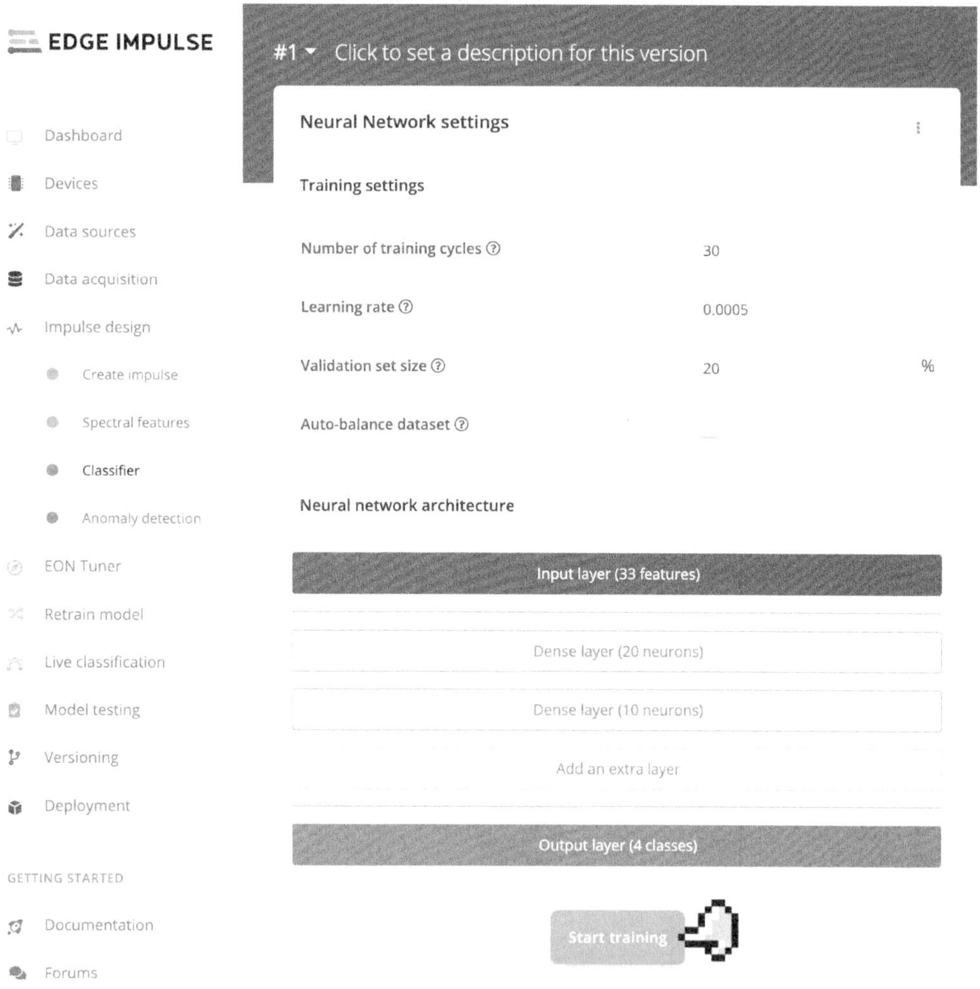

图 17-30 设置训练参数后开始训练

训练——异常检测（Anomaly detection）

在模型设计时如果添加了用于异常检测的 K-means 块，在 Edge Impulse 左侧的"Impulse design"栏目下会多一个"Anomaly detection"（异常检测）的选项卡，如图 17-32 所示。进入异常检测选项卡后，单击"Select suggested axes"（选择建议的轴）按钮，系统会根据之前计算重要特征自动给出选择，然后再单击"Start training"按钮开始训练，完成后会在右侧的"Anomaly explorer"（异常点探索器）输出结果。

至此，我们完成了基本的机器学习训练过程。

Model

Model version: ⑦ [Quantized (int8) ▾]

Last training performance (validation set)

ACCURACY
100.0%

LOSS
0.00

Confusion matrix (validation set)

	IDLE	LIFT	MARITIME	TERRESTRIAL
IDLE	100%	0%	0%	0%
LIFT	0%	100%	0%	0%
MARITIME	0%	0%	100%	0%
TERRESTRIAL	0%	0%	0%	100%
F1 SCORE	1.00	1.00	1.00	1.00

Data explorer (full training set) ⑦

- ○ idle - correct
- ○ lift - correct
- ○ maritime - correct
- ○ terrestrial - correct
- ● idle - incorrect
- ● lift - incorrect

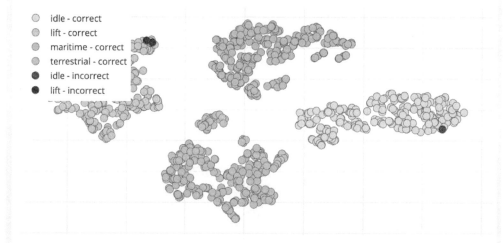

On-device performance ⑦

INFERENCING TIME
1 ms

PEAK RAM USAGE
1.8K

FLASH USAGE
16.8K

图 17-31　训练结果

图 17-32 "Anomaly detection"（异常检测）栏目的界面

模型测试（Model testing）

使用数据采集阶段预留的 20% 的数据，可以验证模型处理未知数据的表现。如图 17-33 所示，在 Edge Impulse 界面的左侧单击 "Model testing"（模型测试），在 "Classify all"（所有分类）按钮旁，有个 3 个圆点的图标，单击该图标可以打开 "Set confidence thresholds"（设置置信度阈值）的窗口，在此可以为 2 个学习块的结果分别设置置信度阈值。我们应该为被视为异常的结果定义可接受的阈值，如果出现的结果不是 100%（经常如此）但在阈值范围内，那结果也是可用的。

按 "Classify all"（所有分类）按钮可以启动模型测试，完成后软件会给出模型测试结果，如图 17-34 所示。

实时分类（Live classification）

在获得模型后，我们可以充分利用设备仍与 Edge Impulse Studio 连接的时机，测试一下 Live classification（实时分类）。如图 17-35 所示，在 Edge Impulse 界面的左侧单击 "Live classification"（实时分类）选项卡，单击 "Start sampling"（开始采样）按钮。

这时可以晃动 XIAO，过程和采样一样，等待几秒钟，软件会给出分类结果。如图 17-36 所示，我猛烈地晃动 XIAO，模型也 "毫不客气" 地给出了整个过程全是 anomaly（异常）的推理结论。

⚠ 注意

在这里你用你的设备捕捉真实的数据，并将其上传到 Edge Impulse Studio，在那里使用训练好的模型进行推理（但模型不在你的设备中）。

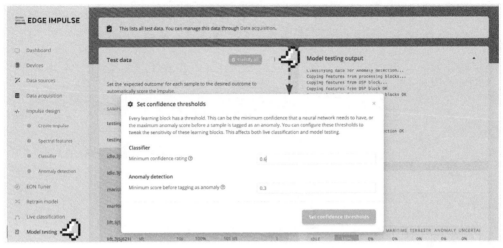

图 17-33　"Set confidence thresholds"（设置置信度阈值）窗口

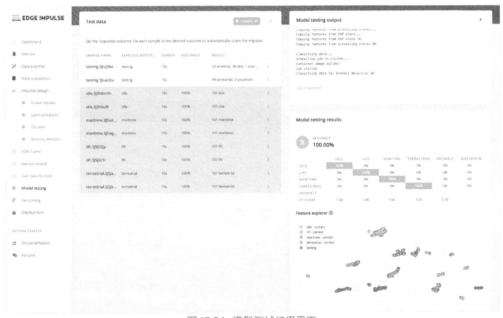

图 17-34　模型测试结果界面

部署（Deployment）

现在我们通过 Edge Impulse Studio 打包所有需要的库、预处理函数和经过训练的模型，并将它们下载到计算机上。

如图 17-37 所示，单击 Edge Impulse 左侧的"Deployment"（部署）选项卡，在中间的"Deploy your impulse"（部署你的脉冲）区域选择"Arduino library"（Arduino 库）。可以看到目标

图 17-35 Live classification（实时分类）栏目的界面

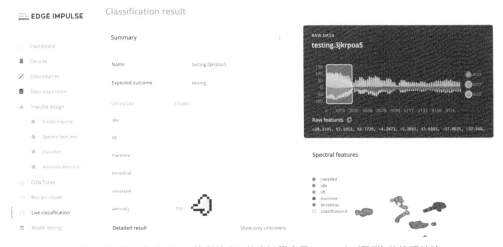

图 17-36 猛烈晃动 XIAO，模型给出了整个过程全是 anomaly（异常）的推理结论

设备消耗的延迟、闪存和 RAM 的估值，然后选择 "Quantized (Int8)"，最后单击 "Build" 按钮启动构建输出。

　　Edge Impulse Studio 将创建一个 .ZIP 库文件并通过浏览器将其下载到你的计算机上，如图 17-38 所示。这个 .ZIP 库文件，就是我们通过 Edge Impulse Studio 得到的机器学习成果。

　　现在回到计算机的 Arduino IDE 上，从顶部菜单栏打开"项目"→"包含库"→"添加 .ZIP 库…"，如图 17-39 所示。选择下载获得的 .ZIP 库文件，直到看到成功安装库的提示。

在 Arduino IDE 中添加推理

　　现在是真正考验成果的时候了。我们将完全脱离 Edge Impulse Studio，在 XIAO 上实现推理。为此，让我们需要更改部署 Arduino 库时创建的程序。

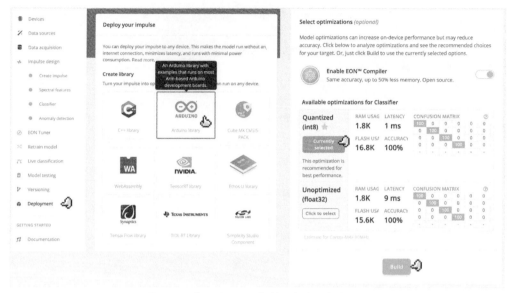

图 17-37 "Deployment"（部署）选项卡的界面

Built Arduino library

Add this library through the Arduino IDE via:

`Sketch > Include Library > Add .ZIP Library...`

Examples can then be found under:

`File > Examples > XIAO-TinyML-IMU_inferencing`

图 17-38 Edge Impulse Studio 输出 .ZIP 库文件的过程提示信息

在 Arduino IDE 中选择"文件"→"示例"并查找项目名，然后选择"nano_ble33_sense_accelerometer"，如图 17-40 所示。

当然，这个示例程序并不适用于 XIAO 开发板，但只要稍作改动，我们就可以让程序正常工作。例如，在程序的开头，有与 Arduino Sense IMU 相关的库。

```
/* Includes ------------------------------------------------- */
#include <XIAO_BLE_Sense_-_Motion_Classification_inferencing.h>
#include <Arduino_LSM9DS1.h>
```

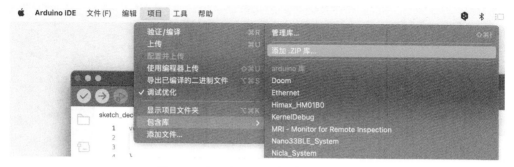

图 17-39 在 Arduino IDE 中添加 .ZIP 库文件

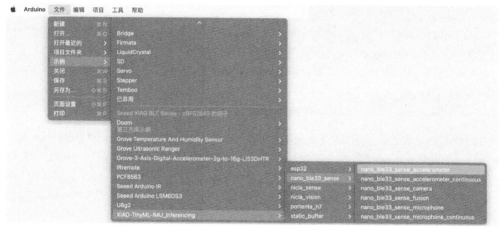

图 17-40 找到 "nano_ble33_sense_accelerometer" 示例程序

⚠ 注意

<XIAO_BLE_Sense_-_Motion_Classification_inferencing.h> 会因为项目名的不同而不同。

将 **includes** 部分改成与 XIAO BLE Sense IMU 相关的程序。

```
/* Includes --------------------------------------------------------------- */
#include <XIAO_BLE_Sense_-_Motion_Classification_inferencing.h>
#include "LSM6DS3.h"
#include "Wire.h"

//Create an instance of class LSM6DS3 (创建一个 LSM6DS3 类的实例)
LSM6DS3 xIMU(I2C_MODE, 0x6A); //I²C device address 0x6A (I²C 设备地址 0×6A)
```

在设置函数中，使用之前声明的名称启动 IMU。

```
if (xIMU.begin() != 0) {
    ei_printf("Failed to initialize IMU!\r\n");
}
```

```
else {
    ei_printf("IMU initialized\r\n");
}
```

在循环函数中，缓冲区：`buffer[ix]`，`buffer[ix + 1]`，`buffer[ix + 2]` 接收加速度计捕获的 3 轴数据。在原始程序上通过 IMU.readAcceleration() 函数来接收。

`IMU.readAcceleration(buffer[ix], buffer[ix + 1], buffer[ix + 2]);`

使用以下程序更改它。

```
buffer[ix] = xIMU.readFloatAccelX();
buffer[ix + 1] = xIMU.readFloatAccelY();
buffer[ix + 2] = xIMU.readFloatAccelZ();
```

现在可以将程序上传到 XIAO nRF52840 Sense 开发板，打开串口监视器，晃动 XIAO 就可以进行推理验证了，每个类对图像的推理结果如图 17-41 所示。

完整的程序在资源包内的 **L17-Mjrovai-XIAO_BLE_Sense_accelerometer** 文件夹中。

结论

XIAO nRF52840 Sense 是一个强大的微型设备，它功能强悍、值得信赖、价格低廉、功耗低，并且具有适用于最常见的嵌入式机器学习应用程序的传感器。尽管 Edge Impulse 并未正式支持 XIAO nRF52840 Sense，但它也可以轻松与 Studio 连接。

使用 Bing 搜索关键字 "Mjrovai GitHub XIAO_BLE_Sense_accelerometer" 可以获取此程序的最新版本。

idle: 放置状态

terrestrial（左、右运动）

lift（上／下）

maritime（之字形、曲线运动等）

anomaly（异常）

图 17-41　在 XIAO 上进行推理验证

第 18 课 用 XIAO nRF52840 Sense 实现语音关键词识别 (KWS)

本课原文来自 Marcelo Rovai 在 Hackster 官网发表的 TinyML Made Easy: Sound Classification (KWS) 一文（© GPL3+）。

本课我们继续在微小而强大的设备—— Seeed Studio XIAO nRF52840 Sense 上探索机器学习，我们将学习如何对声波进行分类以实现语音关键词识别。

除了开发板，本课中用到的硬件还有扩展板，用到的软件和在线服务程序有 Arduino IDE 和 Edge Impulse Studio。

背景知识

关键词识别和语音助手

在上一课中，我们探索了微型机器学习（TinyML），它能运行在小巧强悍的 XIAO nRF52840 Sense 上。除了安装和测试设备外，我们还使用来自其板载加速度计的真实数据信号探索了运动分类的实现方法。在本课中，我们将使用同样的 XIAO nRF52840 Sense 对声音进行分类。声音分类技术常用于语音关键词识别（Key Word Spotting，KWS），KWS 是一个典型的 TinyML 应用程序，也是常见的各种智能音箱或语音助手的重要组成部分。

智能音箱和语音助手是如何工作的？

如图 18-1 所示，市场上的语音助手，如 Google Home 、小米 AI 音箱，只有在被人类说出的特定关键词"唤醒"时才会对人类指令做出反应，例如 Google Home 的唤醒词是"Hey Google"，小米 AI 音箱 的唤醒词是"小爱同学"。

换句话说，识别语音命令是基于多阶段模型或级联检测完成的，如图 18-2 所示。

- **第 1 阶段：** Google Home 内的一个较小的微处理器不断收听声音，等待关键字被发现。此类检测可使用边缘的 TinyML 模型（KWS 应用程序）。

- **第 2 阶段：** 只有当第 1 阶段的 KWS 应用程序被触发时，数据才会发送到云端并在更大的模型上被处理。

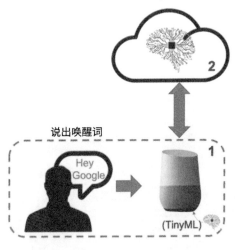

图 18-1 智能音箱需要先被"唤醒"

本课专注于第 1 阶段，我们将使用 XIAO nRF52840 Sense，它有一个可用于识别关键词的数字话筒。

如果你想更深入地了解一个完整的项目，可在 Hackster 官网搜索"Building an Intelligent Voice Assistant From Scratch"，参阅教程

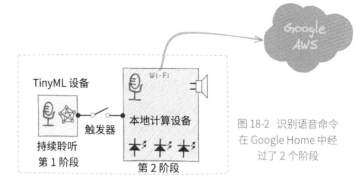

图 18-2 识别语音命令在 Google Home 中经过了 2 个阶段

"从头开始构建智能语音助手"，教程介绍了在树莓派和 Arduino Nano 33 BLE 上模拟 Google Assistant 的过程。

KWS 项目

图 18-3 给出了 KWS 应用程序的工作流程。

KWS 应用程序将识别 3 类语音关键词。

- 关键词 1：UNIFEI（我所在大学的名字，读者可以使用自己喜欢或期望的关键词）。
- 关键词 2：IESTI（我所在研究所的名字，读者可以使用自己喜欢或期望的关键词）。
- SILENCE（静默）：没有说出关键字，只有背景噪声。

对于实际项目，建议在 SILENCE（或背景）类中包含与关键词 1 和 关键词 2 不同的词，甚至用这些词创建一个额外的类（例如"其他"类）。

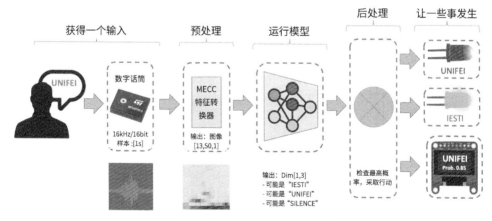

图 18-3 KWS 应用程序的工作流程

机器学习工作流程

KWS 应用程序的主要组件是它的模型。所以，我们必须用我们特定的关键词训练这样一个模型，工作流程如图 18-4 所示。

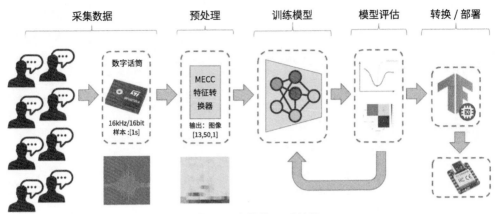

图 18-4 机器学习工作流程

数据集

机器学习工作流程中的关键组成部分是数据集。一旦我们确定了特定的关键词（例如 UNIFEI 和 IESTI），所有数据集都需要从零开始创建。在处理加速度计时，使用由相同类型传感器捕获的数据创建数据集至关重要。而在声音方面，情况有所不同，因为我们要对音频数据进行分类。

> 声音和音频之间的关键区别在于它们的能量形式。声音是机械波（纵向声波），通过介质传播，引起介质内的压力变化。音频由电信号（模拟或数字信号）组成，用电子方式表示声音。

在我们说出关键词后，设备要把声波转换为音频数据。通过对话筒产生的信号以 16kHz 采样率和 16bit 深度进行采样来完成转换，如图 18-5 所示。

因此，任何可以生成具有此基本规格（16kHz/16bit）的音频数据的设备都可以完成音频采样，例如 XIAO nRF52840 Sense、计算机、手机等。

使用 Edge Impulse 和智能手机捕获在线音频数据

在上一课我们学习了如何使用 Arduino IDE 安装和测试我们的设备，并将其连接到 Edge Impulse Studio 进行数据捕获。为此，我们使用了 Edge Impulse CLI 的数据转发器功能，但根据

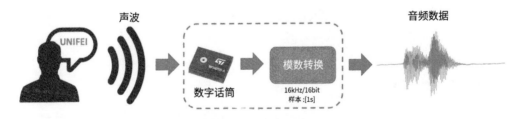

图 18-5 音频采样的过程就是把声波转换为音频数据的过程

Edge Impulse 首席技术官 Jan Jongboom 的说法，音频在某些情况下可能传输速度过快，这可能会对数据传输和处理造成一些挑战。如果你已经有了 PCM 数据，那么将其转换为 .WAV 文件并使用上传器上传是捕获数据最简单的方法。对于加速度计，我们的采样频率大约为 100Hz，音频为 16kHz。

所以，我们还不能将 XIAO 直接连接到 Edge Impulse Studio，但是我们可以使用任何与它们在线连接的智能手机来捕捉声音。这里我们不做探讨，感兴趣的读者可以自学 Edge Impulse 的文档和教程。

使用 XIAO nRF52840 Sense 捕获音频数据（离线）

捕获音频数据并将其在本地保存为 .WAV 文件的最简单方法是使用适用于 XIAO 系列设备的扩展板，即 Seeed Studio XIAO 扩展板。

该扩展板可使用其丰富的外围设备，如 OLED、RTC、可扩展内存、无源蜂鸣器、RESET/User 按钮、5V 伺服连接器、多种数据接口等。详细介绍可参考本书第 2 课。

本课重点介绍语音关键词识别，设备上可用的 MicroSD 卡对于我们进行数据捕获非常重要。

将 XIAO nRF52840 Sense 话筒录制的音频保存在扩展板的 MicroSD 卡上

步骤 1：将 XIAO nRF52840 Sense 连接到扩展板上，将 MicroSD 卡插入扩展板背面的 MicroSD 卡槽，如图 18-6 所示。MicroSD 卡应预先格式化为 MS-DOS（FAT）。

步骤 2：通过 Bing 搜索关键字"Seeed_Arduino_Mic"，进入 Seeed Arduino Mic 的 GitHub 页面，单击页面上"code"的下拉按钮，再将 Seeed_Arduino_Mic 库下载为 .ZIP 文件。在 Arduino IDE 中，从顶部菜单栏打开"项目"→"包含库"→"添加 .ZIP 库 ..."，将下载的 Seeed_Arduino_Mic-master.zip 文件添加到 Arduino IDE 上。

步骤 3：接下来打开安装库文件后的新增示例程序。在 Arduino IDE 中，通过顶部菜单转到"文件"→"示例"→"Seeed Arduino Mic→"mic_Saved_OnSDcard"打开示例程序。该示例程序的作用是，每次按下 XIAO 扩展板

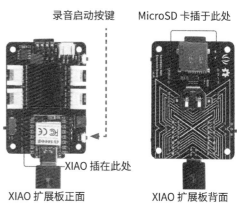

图 18-6　XIAO 扩展板的正、背面

的重启按钮时，话筒都会录制 5s 的音频样本，音频样本被保存在 MicroSD 卡上。

步骤 4：修改示例程序。我更改了原始程序，添加了 LED 信号以便在录制过程中提供必要的反馈，功能如下。

- LED 红灯亮——RECORD（记录 5s）。
- LED 熄灭——WAIT（等待录音文件上传）。
- LED 绿灯亮——文件写入完成；按下扩展板的重启按钮时，等待 LED 红灯再次亮起，并继续进行新的样本录制。

在样本录制的开始和结束时，有时会记录到一个"尖峰"，所以我剪掉了每个5s样本中初始的300ms。结束时出现的尖峰总是录音过程之后发生的，应在训练前消除。此外，我将话筒增益提高到30dB。

最终修改后的程序如下，为了方便读者理解，程序中给出了中文注释，完整的程序在本书资源包内的 L18_Xiao_mic_Saved_OnSDcard_cn 文件夹中获取。

```
/*
* 捕获 .WAV 样本并将它们保存到 MicroSD 卡
*
* 当红色 LED 亮起时，可以进行录音；
* 在文件写入过程中，红色 LED 熄灭；
* 写入完成后，绿色 LED 亮起；
* 按下复位按钮以进行新的录音。
*
*/

#if !defined(ARDUINO_ARCH_
NRF52840)
#error "This demo targets XIAO
BLE only at the moment"
#endif

#include <mic.h>
#include <SD.h>
// 设置
#define DEBUG 0
// 在 ISR 期间启用引脚脉冲
#define SAMPLES 16000*5
mic_config_t mic_config{
  .channel_cnt = 1,
  .sampling_rate = 16000,
  .buf_size = 512,
  //.debug_pin = LED_BUILTIN
// 切换每个 DAC ISR (如果 DEBUG 设置
为 1)
};

NRF52840_ADC_Class Mic(&mic_con-
fig);
short sampleBuffer[256];
short sampleBuffer1[SAMPLES]={0};
```

```
// 读取的音频样本数量
volatile int samplesRead = 0;

// 用于将音频样本写入 MicroSD 卡的回调
函数
void finalize_template(File
&sFile);
void record();
void create_template(File
&sFile);

void setup() {
  Serial.begin(9600);
  while (!Serial);
  Serial.println("Capturing .wav
samples");
  // 配置数据接收回调
  Mic.set_callback(audio_rec_
callback);
  // 选设置增益
  // 默认值为 BLE Sense 上的 20 和
Portenta Vision Shield 上的 24
  Mic.setGain(30);
  // 初始化 MicroSD 卡
  if (!SD.begin()) {
    Serial.println("initializa-
tion failed!"); // 提示初始化失败
    while (1);
  }
  else{
// 提示初始化成功
    Serial.println("SD initial-
ization success!");
  }
  // 使用以下参数初始化 PDM:
  // - 一个通道 (单声道模式)
  // - 对于 Arduino Nano 33 BLE
Sense, 采样率为 16kHz
  // - 对于 Arduino Portenta Vi-
sion Shield, 采样率为 32kHz 或 64kHz
  if (!Mic.begin()) {
    Serial.println("Failed to
start MIC!"); // 提示初始化失败
    while (1);
  }
// 设置红色 LED 为输出
```

```
  pinMode(LEDR, OUTPUT);
// 设置绿色 LED 为输出
  pinMode(LEDG, OUTPUT);
// 红色 LED 熄灭
  digitalWrite(LEDR, HIGH);
// 绿色 LED 熄灭
  digitalWrite(LEDG, HIGH);
}
int sample_cnt = 0;
void loop() {
  // 等待样本被读取
  if (samplesRead) {
// 红色 LED 熄灭
    digitalWrite(LEDR, LOW);
// 将样本打印到串口监视器或串口绘图仪
    for (int i = 0; i < samples-
Read; i++) {// 读取缓冲区中的所有样本
      sampleBuffer1[sample_cnt++]
= sampleBuffer[i];
      if(sample_cnt >= SAMPLES)
      {
          Serial.println("End of
PDM"); // 提示采样完成
          record();
          Mic.end();
          samplesRead = 0;
          return;
      }
    }
    // 清除读取计数
    samplesRead = 0;
  }
}
File myFile; // 文件对象
void record(){  // 录音函数
  Serial.println("Finished sam-
pling"); // 提示采样完成

// 红色 LED 熄灭
  digitalWrite(LEDR, HIGH);
  static char print_buf[128] =
{0}; // 用于生成文件名的缓冲区
// 生成文件名
  int r = sprintf(print_buf,
"test%d.wav", millis());
  File sFile = SD.open(print_buf,
```

```
FILE_WRITE);  // 打开文件
// 如果打开文件成功, 则提示
  if (sFile) {
    // 提示正在写入
    Serial.print("Writing to ");
    Serial.println(print_buf);
    //  如果打开文件失败, 则提示错误
  } else {
    Serial.print("error opening
");
    Serial.println(print_buf);
  }
// 创建 .WAV 文件
  create_template(sFile);

  for (int i = 0; i < SAMPLES;
i++) { // 将样本写入文件
    if (i < 5000) sample-
Buffer1[i] = 0;
    if (i > (SAMPLES-1000)) sam-
pleBuffer1[i] = 0;
    sampleBuffer1[SAMPLES] = 0;
    sampleBuffer1[SAMPLES+1] = 0;
    short sample = sample-
Buffer1[i];
    sFile.write(sample & 0xFF);
    sFile.write((sample >> 8) &
0xFF);
  }
  Serial.println("Finished writ-
ing"); // 提示写入完成
// .WAV 文件写入完成
  finalize_template(sFile);
// 绿色 LED 熄灭
  digitalWrite(LEDG, LOW);
}
// 用于将音频样本写入 MicroSD 卡的回调
函数
void create_template(File &sFile)
{

struct soundhdr {
  char  riff[4]; /* "RIFF" */
  long  flength; /* 以字节为单位的文
件长度 */
  char  wave[4];
```

```
    char  fmt[4];
    long  chunk_size; /* FMT 块的大
小 (以字节为单位) (通常为 16) */
    short format_tag; /* 1=PCM,
257=Mu-Law, 258=A-Law, 259=ADPCM
*/
    short num_chans; /* 1=mono,
2=stereo */
    long srate;
/* 每秒样本的采样率 */
    long  bytes_per_sec;  /* 每秒字
节数 = srate×bytes_per_samp */
    short bytes_per_samp; /* 值为 2 表
示音频数据是 16 位单声道，值为 4 表示音频数
据是 16 位立体声 */
    short bits_per_samp;  /* 每个样
本的位数 */
    char  data[4];
    long  dlength; /* 字节中的数据长
度 (fileLength -44) */
} wavh;
  strncpy(wavh.riff,"RIFF", 4);
  strncpy(wavh.wave,"WAVE", 4);
  strncpy(wavh.fmt,"fmt ", 4);
  strncpy(wavh.data,"data", 4);

  // 字节中的 FMT 块的大小
  wavh.chunk_size = 16;
  wavh.format_tag = 1; // pcm
  wavh.num_chans = 1; // mono
  wavh.srate = 16000;
  wavh.bytes_per_sec = (16000 * 1
* 16 * 1)/8;
  wavh.bytes_per_samp = 2;
  wavh.bits_per_samp = 16;
  wavh.dlength = 16000 * 2 *  1 *
16/2;
  sFile.seek(0);
  sFile.write((byte *)&wavh, 44);
}
// 用于将音频样本写入 MicroSD 卡的回调
函数
void finalize_template(File
&sFile)
{
  unsigned long fSize = sFile.
```

```
size()-8;
  sFile.seek(4);
  byte data[4] = {lowByte(fSize),
highByte(fSize), fSize >> 16,
fSize >> 24};
  sFile.write(data,4);
  byte tmp;
  sFile.seek(40);
  fSize = fSize - 36;
  data[0] = lowByte(fSize);
  data[1]= highByte(fSize);
  data[2]= fSize >> 16;
  data[3]= fSize >> 24;
  //sFile.write((byte*)data, 4);
  sFile.close();
}
/**
 * 回调函数用来处理 PDM 话筒的数据
 * 注意: 此回调函数是作为 ISR 的一部分
执行的。因此，不支持使用 "Serial" 在此
函数中打印消息
 * */
void audio_rec_callback(uint16_t
*buf, uint32_t buf_len) {
  static uint32_t idx = 0;
  // 将样本从 DMA 缓冲区复制到推理缓冲区
  for (uint32_t i = 0; i < buf_
len; i++) {

    // 将 12 位未签名的 ADC 值转换为 16 位
PCM (签名) 音频值
    sampleBuffer[idx++] = buf[i];
    // 如果缓冲区已满，则通知主循环
    if (idx >= mic_config.buf_
size){
    idx = 0;
    // 通知主循环，缓冲区已填充
    samplesRead = mic_config.buf_
size;
    break;
  }
  }
}
```

步骤 5：将上面的程序上传到 XIAO
nRF52840 Sense 后，就可以开始录音了。注

意 XIAO 上亮起红灯时开始说话，红灯熄灭后录制结束，亮起绿灯时可以再次开始。说语音关键词的时候可以用不同语调重复几次。录音过程中打开串口监视器，它会显示 .WAV 文件名和状态，如图 18-7 所示。

步骤 6：录音完毕后，从扩展板上取出 MicroSD 卡并将其插入计算机，可以看到记录在 MicroSD 卡上的 .WAV 文件，如图 18-8 所示。

现在录音文件已准备好，可以上传到 Edge Impulse Studio 了。

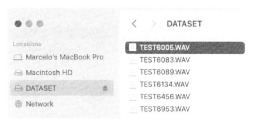

```
/dev/cu.usbmodem1101

Capturing .wav samples
SD initialization success!
End of PDM
Finished sampling
Writing to test6134.wav
Finished writing
Capturing .wav samples
SD initialization success!
End of PDM
Finished sampling
Writing to test6456.wav
Finished writing
Capturing .wav samples
SD initialization success!
End of PDM
```

图 18-7　录音过程中串口监视器上的提示信息

Locations
Marcelo's MacBook Pro
Macintosh HD
DATASET
Network

< > DATASET

■ TEST6005.WAV
　TEST6083.WAV
　TEST6089.WAV
　TEST6134.WAV
　TEST6456.WAV
　TEST6953.WAV

图 18-8　MicroSD 卡上记录的 .WAV 录音文件

使用 Edge Impulse Studio 训练模型

步骤 1：创建训练项目。创建原始数据集后，在 Edge Impulse Studio 中创建一个新项目，我将项目命名为 "XIAO BLE Sense - Sound Classification (KWS)"，如图 18-9 所示。

步骤 2：上传采集数据。创建项目后，从页面左边的导航栏转到 "Data acquisition"（数据采集）部分，在数据采集页面顶部选择 "Upload data" 选项卡，进入 "Upload existing data"（上传现有数据）界面，如图 18-10 所示。选择要上传的文件，开始上传用 XIAO nRF52840 Sense 录制的样本，在这里因为这批语音关键词都是 "UNIFEI"，所以我统一添加了标签（建议按分类分批录制，方便上传时统一设置标签，如果混合录制，需要上传后逐个甄别并手动添加标签，这样会比较低效）。

步骤 3：拆分样本。上传的样本出现在 "Data acquisition"（数据采集）部分，单击样本示例名称后的 3 个圆点的图标，在弹出的菜单中选择 "Split sample"（拆分样本），软件会弹出拆分样本窗口，如图 18-11 所示，将重复的语音分割为独立样本，并尽量避免开始和结束部分的噪声信号。

我们需要对所有样本重复此过程。之后，上传用 XIAO 录制的其他分类（IESTI 和 SILENCE）样本。

⚠ 注意

对于较长的音频文件（比如长达数分钟），首先用拆分样本工具将其拆分为 10s 长的片段，然后再次使用该工具获得最后 1s 长度的拆分文件。

步骤 4：划分训练 / 测试集。现在，数据集中每个类都有大约 70 个长 1s 的样本，我们把数据集拆分为训练 / 测试集。可以手动逐一执行此操作（单击样本右侧的 3 个圆点进入菜单，单独移动样本），也可以通过左栏的 "Dashboard"（仪表板），在 "Danger zone"（危险区）使用 "Perform train / test split"（进行训练 / 测试分离），如图 18-12 所示。

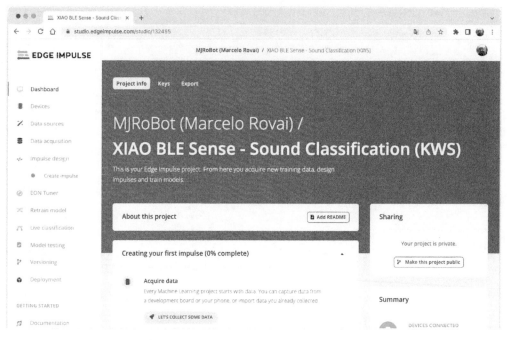

图 18-9 在 Edge Impulse Studio 中为 KWS 项目创建一个新项目

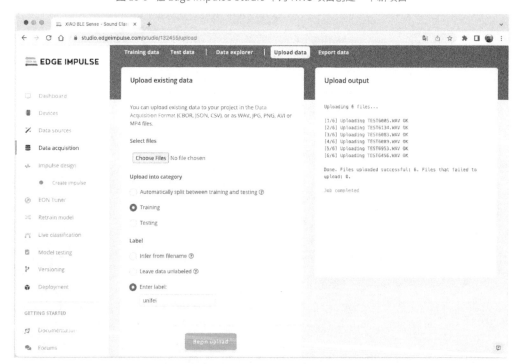

图 18-10 在数据采集阶段上传语音数据的界面

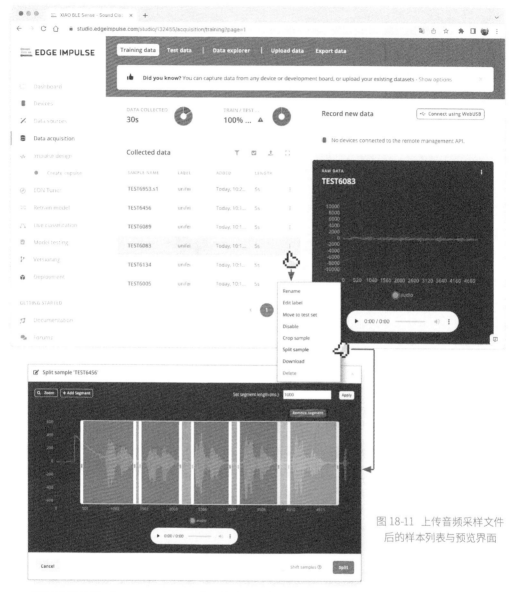

图 18-11 上传音频采样文件
后的样本列表与预览界面

可以选择使用 "Data acquisition"（数据采集）下的 "Data explorer"（数据资源管理器）选项卡检查所有数据集。如图 18-13 所示，数据点似乎分开了，这意味着分类模型应该有效。

创建脉冲（Creating Impulse）

和上一课中创建脉冲的流程一样，首先通过输入块获取原始数据，然后使用处理块来提取特征，最后使用学习块对新数据进行分类，如图 18-14 所示。

首先，在 "Time series data"（时间序列数据）输入块的设置里，我们设置 "Window size"（窗

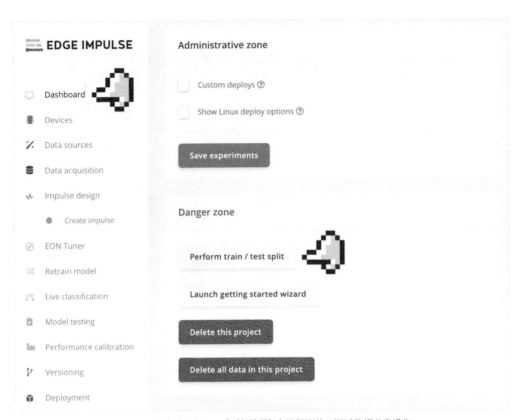

图 18-12 在"Danger zone"(危险区)内进行训练 / 测试数据分离操作

图 18-13 使用"Data explorer"(数据资源管理器)选项卡检查所有数据集

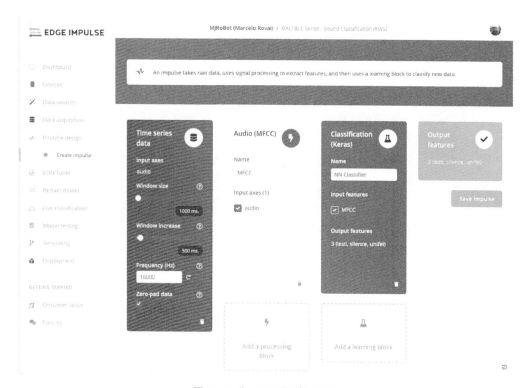

图 18-14　为 KWS 项目创建脉冲

口尺寸）为 1000ms（1s），"Window increase"（窗口间隔）为 500 ms。请注意，要选中"Zero-pad data"（零填充数据，原始特征缺失时添加零值），这对小于 1s 的样本填充零点很重要（在某些情况下，为了避免噪声和尖峰，我会减少拆分工具上的 1000ms 窗口，勾选此选项可以避免这部分窗口数据被删掉）。

　　每个 1s 的音频样本都应该进行预处理，将其转换为图像。为此，我们使用 Audio（MFCC）处理块，它使用梅尔频率倒谱系数从音频信号中提取特征，过程如图 18-15 所示，这对人声非常有用。

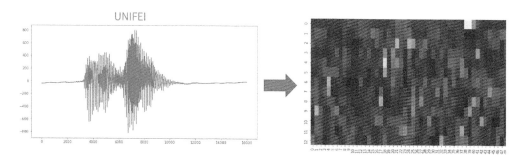

13 x 50 = 650

图 18-15　使用梅尔频率倒谱系数从音频信号中提取特征的数据变化

对于学习块，我们选择"Classification"（分类），这意味着我们将从头开始构建我们的模型（图像分类，使用卷积神经网络）。

创建脉冲后，在软件左侧的"Impulse design"（脉冲设计）栏会增加"MFCC"和"Classifier"两个栏目。

预处理 (MFCC)

接下来需要创建要在下一阶段训练的图像，"MFCC"的界面如图 18-16 所示。

我们保留默认的参数值。从右侧展示的"On-device performance"（设备上的性能）来看，并没有花费太多内存来预处理数据（仅 17KB），但处理时间相对较长（我们的 XIAO Cortex-M4 CPU 为 177ms）。按下交互界面底部的"Save parameters"（保存参数）按钮，进入"Generate features"（生成特征）项，单击"Generate features"按钮并生成特征，直至在"Feature explorer"（特征浏览器）看到图 18-17 所示的报告。

如果你想进一步了解如何使用 FFT（快速傅里叶变换）、Spectogram（频谱图）等将时间序列数据转换为图像，可以在 Bing 里搜索"IESTI01_Audio_Raw_Data_Analisys.ipynb"。

模型设计与训练

我们使用的模型是卷积神经网络（CNN），如图 18-18 所示。模型使用两个 Conv1D（一维卷积层）+ MaxPooling（分别具有 8 个和 16 个神经元）的组合，以及一个 0.25 的 Dropout（随机失活）层。在最后一层，经过 Flatten（扁平化）后，产生 3 个神经元，分别代表每个类别。

在超参数方面，我们采用的学习率为 0.005，模型将经过 100 个训练周期。如图 18-19 所示，训练结果看起来还不错。

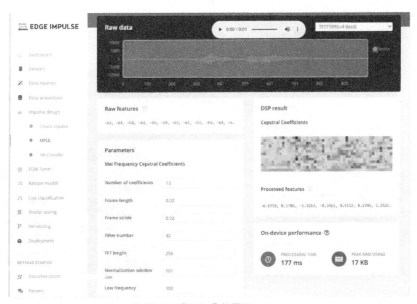

图 18-16 "MFCC"的界面

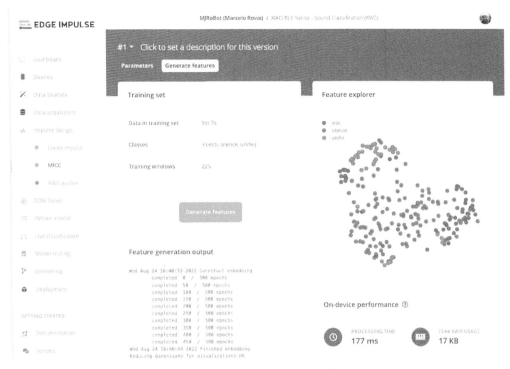

图 18-17 在"MFCC"中生成特征报告的界面

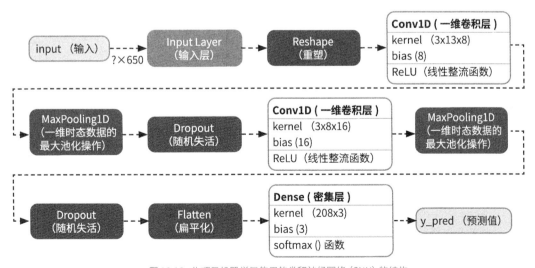

图 18-18 此项目机器学习使用的卷积神经网络（CNN）的结构

图 18-19 训练参数设置及训练结果

　　如果你想了解这个模型的"底层"运作原理，可以切换到 Keras（专家）模式（在 Neural Network settings 右侧单击 3 个圆点进入菜单，选择"Switch to Keras(expert)mode"），就可以自己动手研究代码。也可以尝试用 Bing 搜索"ei_iesti01_keyword_spotting_project_nn_classifier.ipynb"，Colab 提供了一个关于如何深入了解的示例：KWS 分类器项目 – 探究"底层原理"。

测试

　　使用训练前预留的数据（测试数据）对模型进行测试，我们得到了 75% 的准确率，如图 18-20 所示。因为所使用的数据量较小，这个结果还可以接受，但我强烈建议增加样本数量。

　　收集更多数据后，测试准确率上升了 6% 左右，从 75% 上升到 81% 左右，如图 18-21 所示。

　　在将模型部署到设备之前，我们可以在 Devices 里添加手机，使用手机进行实时分类测试，以确认模型能够处理实时和真实的数据，测试效果如图 18-22 所示。

图 18-20 使用测试数据得到了 75% 的准确率

图 18-21 收集更多数据训练后准确率升到 81% 左右

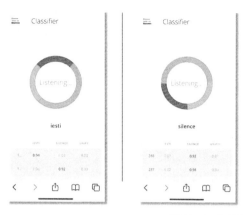

图 18-22　使用手机进行实时分类测试

部署和推理

我们通过 Edge Impulse Studio 打包所有需要的库、预处理函数和经过训练的模型，并将它们下载到计算机上。在界面的左侧单击"Deployment"（部署）栏目，在中间的"Deploy your impulse"（部署你的脉冲）区域选择"Arduino library"（Arduino 库）。然后在底部选择"Quantized (Int8)"，单击旁边橘红色的按钮进行优化，完成后可以看到目标设备消耗的延迟、闪存和 RAM 的估值，最后单击"Build"按钮启动构建输出，如图 18-23 所示。

Edge Impulse Studio 将创建一个 .ZIP 库文件并通过浏览器将其下载到计算机。这个 .ZIP 库文件（如图 18-23 右下图所示）就是我们通过 Edge Impulse Studio 得到的机器学习成果。

图 18-23　部署 Arduino 库的过程

现在回到计算机的 Arduino IDE 上，从顶部菜单栏打开“项目”→“包含库”→“添加 .ZIP 库 ...”，选择下载的 .ZIP 文件。

到了真正考验成果的时候了。我们将完全脱离 Edge Impulse Studio，在 XIAO 上实现推理。为此，我们需要更改部署 Arduino 库时创建的程序。

在 Arduino IDE 中，转到“文件”→“示例”选项卡并查找项目名，然后在示例列表中选择“nano_ble33_sense_microphone_continuous”，程序如图 18-24 所示。

```
nano_ble33_sense_microphone_continuous | Arduino 1.8.19
nano_ble33_sense_microphone_continuous

/* Includes ---------------------------------------------------------------- */
#include <PDM.h>
#include <XIAO_BLE_Sense_-_Sound_Classification_KWS__inferencing.h>

/** Audio buffers, pointers and selectors */
typedef struct {
    signed short *buffers[2];
    unsigned char buf_select;
    unsigned char buf_ready;
    unsigned int buf_count;
    unsigned int n_samples;
} inference_t;

static inference_t inference;
static bool record_ready = false;
static signed short *sampleBuffer;
static bool debug_nn = false; // Set this to true to see e.g. features generated from the raw signal
static int print_results = -(EI_CLASSIFIER_SLICES_PER_MODEL_WINDOW);

/**
```

图 18-24 打开部署库提供的示例程序

虽然 XIAO 与 Arduino 不同，但它们具有相同的 MPU 和 PDM 话筒，因此程序也可以在 XIAO 上运行。将程序上传到 XIAO 并打开串口监视器。尝试说出关键词，确认模型是否正常工作，如图 18-25 所示。

```
/dev/cu.usbmodem1101                                      Send
    iesti: 0.00130
    silence: 0.00000
    unifei: 0.99609
Predictions (DSP: 109 ms., Classification: 5 ms., Anomaly: 0 ms.):
    iesti: 0.97526
    silence: 0.00391
    unifei: 0.02083
Predictions (DSP: 108 ms., Classification: 5 ms., Anomaly: 0 ms.):
    iesti: 0.97396
    silence: 0.00260
    unifei: 0.02214
Predictions (DSP: 108 ms., Classification: 5 ms., Anomaly: 0 ms.):
    iesti: 0.21094
    silence: 0.41667
    unifei: 0.37240
```

图 18-25 口述关键字，通过串口监视器验证模型在 XIAO 上运行的效果

接下来我们进一步修改程序，以便我们可以在 XIAO nRF52840 Sense 完全离线（与计算机断开连接并由电池供电）的情况下验证结果。

初步的想法是，只要检测到关键词"UNIFEI"，XIAO 的红色 LED 就会亮起；如果检测到关键词"IESTI"，XIAO 的绿色 LED 会亮起，如果是"SILENCE"（无关键字），两种 LED 都不会亮。

如果 XIAO nRF52840 Sense 连接了 XIAO 扩展板，我们可以让扩展板的 OLED 显示屏显示类别标签及对应标签的识别概率。如果没有使用 XIAO 扩展板，就仅使用 XIAO 的 LED 给出提示。

为 XIAO 扩展板安装库和测试 OLED 显示屏

1. 在 XIAO 扩展板的 OLED 显示屏展示"Hello World！"

在 Arduino IDE 中安装 u8g2 库（可以参考第 6 课有关"如何下载及安装 U8g2_Arduino 库"的内容）并运行以下程序进行测试。

```
// 引入 Arduino 核心头文件
#include <Arduino.h>
// 引入 U8x8 库，用于控制 OLED 显示屏
#include <U8x8lib.h>
// 引入 Wire 库，用于 I²C 通信
#include <Wire.h>

// 使用硬件 I²C 接口初始化 SSD1306
OLED 显示屏
U8X8_SSD1306_128X64_NONAME_HW_I2C
u8x8(PIN_WIRE_SCL, PIN_WIRE_SDA,
U8X8_PIN_NONE);

void setup(void) {
// 初始化 OLED 显示屏
    u8x8.begin();
// 设置翻转模式，取值范围为 1 ~ 3，显
```

示内容将旋转 180°
```
    u8x8.setFlipMode(0);
}

void loop(void) {
    u8x8.setFont(u8x8_font_chroma48medium8_r); // 设置字体
// 设置光标位置
    u8x8.setCursor(0, 0);
// 在 OLED 显示屏上打印 "Hello World!"
    u8x8.print("Hello World!");
}
```

完整的程序在本书资源包内的 L18_HelloWorld_XIAO 文件夹中获取。

上传并运行程序后，我们可以在 XIAO 扩展板的 OLED 显示屏上看到显示的"Hello World！"字样，如图 18-26 所示。

2. 将模拟的推理结果呈现在 XIAO 扩展板的 OLED 显示屏和 XIAO 的 LED 上

现在，让我们创建一些函数，根据 **pred_index** 和 **pred_value** 的值来触发相应的 LED 并在 OLED 显示屏上显示类别和概率。下面的程序可以模拟一些推理结果，并在 XIAO 扩展板的 OLED 显示屏和 XIAO 的 LED 上呈现它们。

```
/* 引入头文件 ----------------- */
#include <Arduino.h>
#include <U8x8lib.h>
#include <Wire.h>
```

图 18-26 在 XIAO 扩展板的 OLED 显示屏上显示"Hello World！"

```
// 定义类别数量
#define NUMBER_CLASSES 3

/** OLED */
U8X8_SSD1306_128X64_NONAME_HW_I2C
oled(PIN_WIRE_SCL, PIN_WIRE_SDA,
U8X8_PIN_NONE);

int pred_index = 0; // 预测索引
float pred_value = 0; // 预测值
String lbl = " "; // 标签字符串

void setup() {
    pinMode(LEDR, OUTPUT);
    pinMode(LEDG, OUTPUT);
    pinMode(LEDB, OUTPUT);

    digitalWrite(LEDR, HIGH);
    digitalWrite(LEDG, HIGH);
    digitalWrite(LEDB, HIGH);

    oled.begin(); // 初始化 OLED
    oled.setFlipMode(2);
// 设置翻转模式
    oled.setFont(u8x8_font_chro-
ma48medium8_r); // 设置字体
// 设置光标位置
    oled.setCursor(0, 0);
    oled.print(" XIAO Sense
KWS"); // 在 OLED 显示屏上打印字符串
}

/**
* @brief  关闭所有 RGB LED
*/
void turn_off_leds(){
    digitalWrite(LEDR, HIGH);
    digitalWrite(LEDG, HIGH);
    digitalWrite(LEDB, HIGH);
}

/**
* @brief 在 OLED 显示屏上显示推理结果
*/
void display_oled(int pred_index,
float pred_value){
```

```
    switch (pred_index){
        case 0:
            turn_off_leds();
                digitalWrite(LEDG,
LOW);
            lbl = "IESTI  ";
            break;

        case 1:
            turn_off_leds();
            lbl = "SILENCE";
            break;

        case 2:
            turn_off_leds();
                digitalWrite(LEDR,
LOW);
            lbl = "UNIFEI ";
            break;
    }
    oled.setCursor(0, 2);
    oled.print("        ");
    oled.setCursor(2, 4);
    oled.print("Label:");
    oled.print(lbl);
    oled.setCursor(2, 6);
    oled.print("Prob.:");
    oled.print(pred_value);
}

void loop() {
    for (int i = 0; i < NUMBER_
CLASSES; i++) {
        // 设置预测索引
        pred_index = i;
        // 设置预测值
        pred_value = 0.8;
        display_oled(pred_index,
pred_value); // 显示预测结果
        delay(2000);
    }
}
```

完整的程序在本书资源包内的 L18_
step2_OLED_XIAO 文件夹中获取。

运行上面的程序，我们可以得到图 18-27 所示的结果。

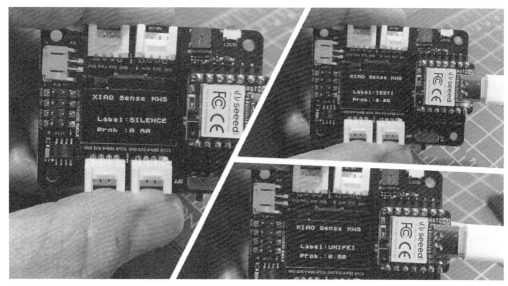

图 18-27 模拟推理结果在设备上运行的效果

3. 为测试程序加入模型

将上面的程序（初始化和函数）与用于测试模型的程序 nano_ble33_sense_microphone_continuous.ino 合并，完整的英文版注释程序可在 Bing 里搜索 "Mjrovai 3_KWS" 获取，完整的中文注释程序可以在本书资源包内的 **Xiao_BLE_sense_microphone_continuous_cn** 文件夹中获取。

将程序上传到 XIAO，并说出关键词以测试结果是否符合预期。

结论

在我的 GitHub 存储库中，你可以在 "Seeed-XIAO-BLE-Sense/3_KWS" 文件夹中找到最新版本的程序。

声音分类应用场景并不仅限于语音关键词识别，还有许多其他领域，如：

- 安全（碎玻璃检测）；
- 工业（异常检测）；
- 医疗（打鼾、辗转反侧、肺部疾病）；
- 自然（蜂箱控制、昆虫声音）。

第五单元
自由探索

　　Seeed Studio XIAO 系列自推出以来，因为其小巧的尺寸、强悍的性能和满足多种需求的品类而广受欢迎。创客爱好者社区涌现了大量用 XIAO 创造的项目。因为篇幅有限，我们从中精选了一些创客们用 XIAO 制作的优秀项目。这些项目充分展示了 XIAO 的强大功能与广泛应用。让我们跟随创客们的脚步，激发创造力，探索 XIAO 的无限可能。希望大家能从这些项目中汲取灵感，发挥想象力，开拓XIAO 的新天地。

第 19 课 有用与有趣的 XIAO 项目集锦

在学习了前面的内容后，你可能会有许多新奇的想法，而且忍不住想立刻实现它们，但别急，先让我们来看看其他人用 XIAO 做了什么有趣的项目吧。我们以全球著名的创新者社区 Hackster、Instructables 等为主收集了一些用户使用 XIAO 做的项目案例，让大家看到 XIAO 的更多可能性。

无人机载盐水追踪器（SWT）

作者：Nghia Tran

本项目针对海水侵蚀稻田的问题，使用 XIAO nRF52840 Sense，将盐度传感器系统集成到 Hovergames 无人机上，使无人机成为高效的盐水追踪工具（如图 19-1 所示）。该项目能够帮助农民实时监测河流及大型水网的盐度，以确保水质安全，并指导水库水量的调配。系统还具备水温、水质、空气质量等传感器和摄像头，用于拍摄水域图片或视频并辅助判断水类型和条件（如图 19-2 所示）。

读者可以在 Hackster 官网搜索 "Salt Water Tracker(SWT)" 了解更多。

图 19-1 SWT

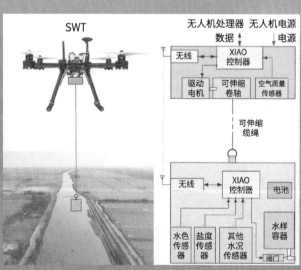

图 19-2 SWT 结构设计与实物连接

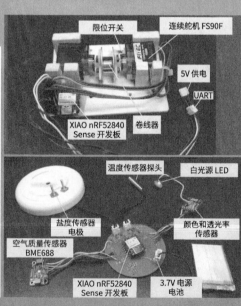

SAJAC 项目：洞穴探险智能夹克

作者：Rifqi Abdillah

洞穴探险近年来越发受到人们的喜爱。然而，人们在洞穴探险过程中可能面临极端温度、潮湿空气、低气压、空气质量差和有毒气体等多种安全隐患。为解决这一问题，作者开发了 SAJAC 项目，这是一个智能监控系统，旨在观测洞穴内的环境条件。系统使用 Nicla Sense ME 测量用户周围的环境质量，并将结果发送到用户智能手机上的 SAJAC App。如果洞穴条件不适宜探险，Nicla Sense ME 或用户的智能手机将收到提醒。同时，在洞穴内的每个检查点，都会有一个与洞外警卫直接连接的发射器。用户在遇到危险时可以通过发射器迅速寻求帮助，如图 19-3 所示。

考虑到洞穴内没有互联网连接，系统使用基于 XIAO ESP32C3 的 LoRa 通信系统传输检查点数据。用户到达检查点后，只需连接发射器并按下"发送"按钮。当用户遇到无法继续探险的情况时，也可以决定是否自行返回或等待警卫接应。

主岗警卫将使用 LoRa 接收洞穴内传输的数据。前哨处设有搭载 Grove Wio E5 的 Wio Terminal 用于接收洞内发射器的数据。Wio Terminal 只需 5V 电源，适用于电源有限的场所。

读者可以在 Hackster 官网搜索 "SAJAC PROJECT : Smart Jacket for Caving" 了解更多。

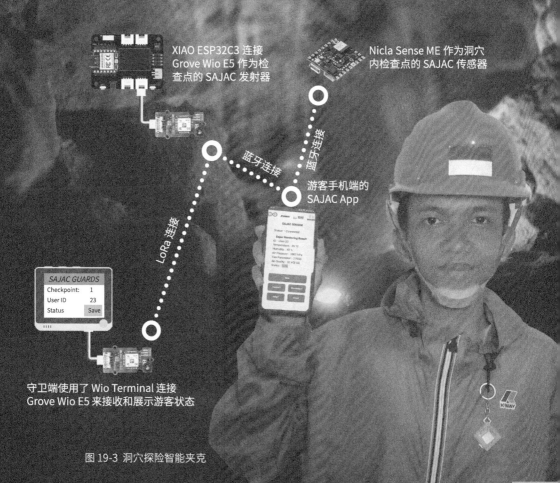

图 19-3 洞穴探险智能夹克

自行车车载计算机原型

作者：Jens

这是一个复杂的原型项目——自行车车载计算机，如图 19-4 所示，它可收集心率等传感器数据，并引导用户前往最近的冰激凌店。

本项目旨在使用 Sony Spresense 主板和 LTE 扩展板、XIAO 开发板，以及其他外设搭建一个自行车车载计算机。主要有以下特点。

- 捕捉低分辨率视频流，并在显示器上显示，可选择拍摄高分辨率照片并将其存储在 MicroSD 卡上。
- 捕捉单声道音频，使用 OPUS 编解码器和 OGG 容器格式进行高压缩，以便通过 LTE-M 连接发送或记录到 MicroSD 卡。

- 通过 GNSS 跟踪位置，将位置与通过 LTE 连接从云服务接收的天气数据和兴趣点（POI）数据相结合。
- 通过蓝牙低功耗连接自行车传感器（目前为心率传感器），在显示器上显示数据并记录。
- 通过 MQTT 远程访问摄像头、音频实时流和各种数据（包括位置）。
- 通过 GNSS 地理围栏、加速度传感器和智能手机附近监测实现盗窃检测和通知。

这个项目向我们展示了硬核原型项目惊人的复杂性（如图 19-5 所示）。

读者可以在 Hackster 官网搜索 "Bicycle Computer on Spresense" 了解更多。

图 19-4 自行车车载计算机原型

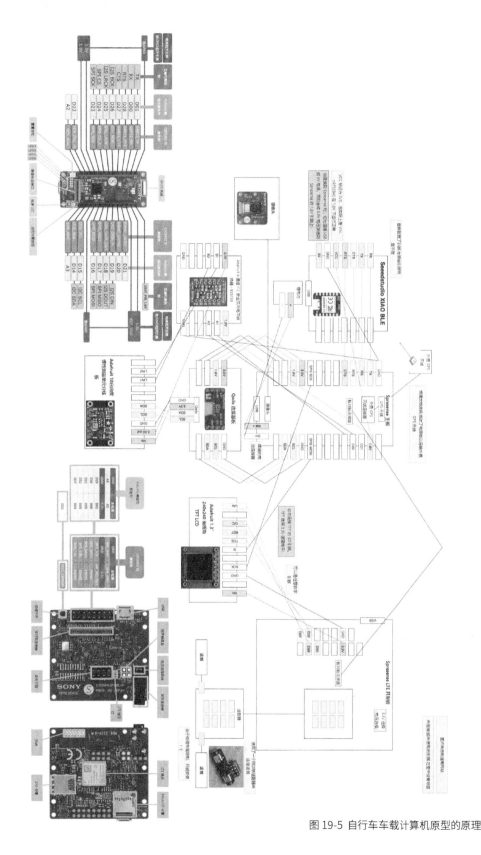

图 19-5 自行车车载计算机原型的原理

AI 驱动的物联网酸奶加工和质地预测机

作者：Kutluhan Aktar

本项目旨在利用物联网技术和人工智能，为酸奶加工过程提供质地（黏稠度）预测功能。如图 19-6 所示，通过使用 XIAO ESP32C3 开发板，搭配温 / 湿度传感器、集成压力传感器套件、I^2C 重量传感器套件和 DS18B20 防水温度传感器收集数据，项目创作者构建了一个人工神经网络模型，并使用 Edge Impulse 进行训练，从而在不添加化学添加剂的情况下预测酸奶质地。通过 Blynk 应用，用户可以远程查看传感器读数并控制设备。最后，作者还设计了一个适用于奶厂环境的耐用机箱。此项目有望帮助奶制品生产商降低成本，提高产品质量。

读者可以在 Instructables 官网搜索 "IoT AI-driven Yogurt Processing & Texture Prediction W/ Blynk" 了解更多。

图 19-6 AI 驱动的物联网酸奶加工和质地预测机

用于氢气泄漏检测的 Web 浏览器操作的低成本机器人

作者：Ivan Arakistain

这个项目（如图 19-7 所示）把旧平衡车改装成遥控机器人（如图 19-8 所示），搭载氢气传感器，实现氢气泄漏的早期检测。通过蓝牙连接 Seed Studio XIAO nRF52840 Sense 开发板、MQ-8 气体传感器等设备，并利用 Edge Impulse Studio 训练机器学习模型。机器人还采用了 Blues Wireless Notecard NBGL 蜂窝连接技术，可将数据上传至云端。使用者借助 Remo.TV 进行远程操作，实现在浏览器上驾驶机器人并查看摄像头实时画面。

读者可以在 Hackster 官网搜索"Web browser operated robot for gas leak detection"了解更多。

图 19-7 用于氢气泄漏检测的 Web 浏览器操作的低成本机器人

氢气传感解决方案示意图

Notecarrier B   BME280   XIAO nRF52840 Sense   MQ-8

旧平衡车改造

实现的原型车

主板连接器

电源按钮
- 锁存电路
- STM32 GPIO

主电机线
左霍尔线
GND
HALL A
HALL B
5V 100mA max
左传感器板
15V 200mA max
PA2 / TX / ADC1
PA1 / RX / ADC2 / PFM
GND

XT60 主电源
充电连接器
SWD 编程
3.3V 50mA max
PA14 / SWCLK
GND
PA13 / SWDIO

右霍尔线
5V 100mA max
HALL A
HALL B
GND

右传感器板
15V 200mA max
PB10 / TX / SCL
PB11 / RX / SDA
GND

图 19-8 机器人的原理

基于 XIAO ESP32C3 的乐高火车模型控制器

作者：Tiago Santos

本项目利用 Seeed Studio XIAO ESP32C3 开发板设计了一款火车控制器，如图 19-9 所示。项目分为火车端和控制器端两部分。火车端采用 XIAO ESP32C3 开发板连接火车，通过 L293D 电机驱动器控制火车电机。控制器端使用 Wemos D1 Mini 接收速度和方向信息，并在 0.96 英寸的 SSD1306 显示屏上显示实际速度。通过 Wi-Fi 和 MQTT 服务器实现控制器端与火车端的通信。项目简化了传统的乐高火车遥控系统，提高了控制效率。

读者可以在 Instructables 官网搜索 "Train Controller With Seeed Studio XIAO ESP32C3" 了解更多。

乐高火车接收器端原理图

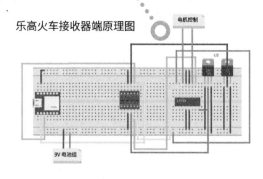

乐高火车控制器端原理图

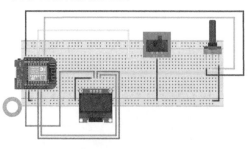

图 19-9 基于 XIAO ESP32C3 的乐高火车模型控制器

基于 Arduino 和 XIAO 的 3D 打印遥控汽车

作者：Devin Namaky

本项目是一款基于 Arduino Nano 和 XIAO 的 3D 打印遥控汽车，如图 19-10 所示，名为 RC_Car_RP。项目使用了两个标准 130 型 DC 电机作为驱动和转向电机，转向系统采用齿轮传动（如图 19-11 所示）。XIAO 模块用于控制电机驱动器 TB6612FNG，实现对汽车速度和转向的控制。通过 nRF24L01 无线模块实现遥控器与汽车之间的通信。项目具有体积小、设计简单、易于搭建等特点，可以满足不同场景下的遥控汽车需求。

图 19-10 基于 Arduino 和 XIAO 的
3D 打印遥控汽车

读者可以在 Hackster 官网搜索 "Arduino-Based 3D Resin Printed RC_Car_RP" 了解更多。

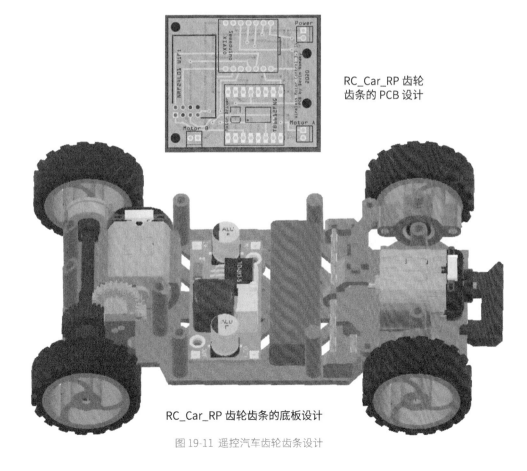

RC_Car_RP 齿轮
齿条的 PCB 设计

RC_Car_RP 齿轮齿条的底板设计

图 19-11 遥控汽车齿轮齿条设计

基于 XIAO nRF52840 Sense 的宠物活动追踪器

作者：Mithun Das

本项目是一个利用 XIAO nRF52840 Sense 和 Edge Impulse 追踪宠物活动的可穿戴设备，如图 19-12 所示，旨在帮助我们的宠物保持活力。XIAO nRF52840 Sense 是一款配备有强大的 Nordic nRF52840 MCU 的微型控制器，内置了蓝牙 5.0 模块，并围绕 32 位 ARM® Cortex™-M4 CPU 设计。它具有六轴 IMU，可用于预测宠物的休息、行走和跑步等活动。

借助附带的手机应用程序，用户可以通过蓝牙连接设备并获取每分钟的预测数据。数据被存储在手机的本地存储空间中，并通过图形方式显示。

项目通过手机应用程序 EI Blue 收集数据，利用 Edge Impulse Studio 创建机器学习模型，并使用谷歌 Flutter 构建 iOS 应用程序。整个系统可实现实时监测宠物的活动状态，并通过手机应用程序显示数据。

读者可以在 Hackster 官网搜索 "Pet Activity Tracker using XIAO BLE" 了解更多。

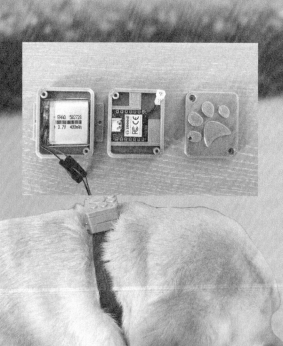

图 19-12 宠物活动追踪器

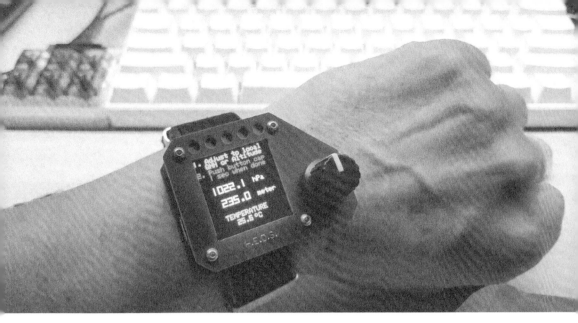

用 XIAO 制作的带 IPS 显示屏的 H.E.D.S. 多功能腕表

作者：Hayri Uygur

作者使用 XIAO 制作了一款创客风拉满的多功能腕表——H.E.D.S.，如图 19-13 所示，它有一些小巧的小工具，具有许多功能，并且配备了漂亮的 240 像素 ×240 像素的 IPS 显示屏。

读者可以在 Hackster 官网搜索"H.E.D.S."了解更多。

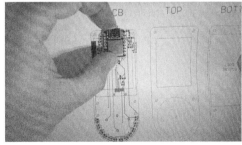

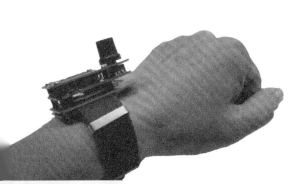

图 19-13 H.E.D.S. 多功能腕表

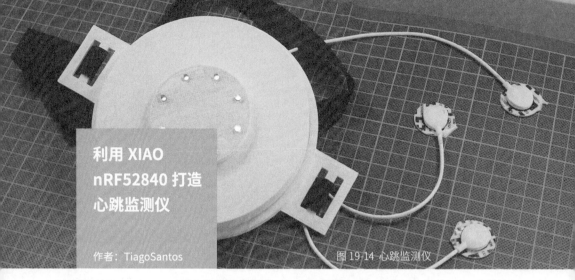

利用 XIAO
nRF52840 打造
心跳监测仪

作者：TiagoSantos

图 19-14 心跳监测仪

本项目基于 XIAO nRF52840 微控制器制作了一款心跳监测仪，如图 19-14 所示。该微控制器支持蓝牙 5.0 和 NFC，并具有超小尺寸，非常适用于可穿戴设备等空间有限的项目。项目使用另一款名为 BITalino 的生物医学微控制器进行心跳监测。XIAO NRF52840 接收来自心电图（ECG）传感器的信息，然后将其传输到一组 LED 上。通过这个项目，我们可以实时查看心率，观察心脏活动的数据。下面展示了这个项目的基本制作过程。

读者可以在 Instructables 官网搜索 "Hearbeat Monitor With XIAO NRF52840" 了解更多。

准备好支持蓝牙的 XIAO nRF52840，小巧的尺寸非常适合制作可穿戴设备。

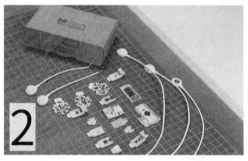

BITalino 是由 Hugo Silva 在葡萄牙开发的一种类似于 Arduino 的生物医学套件，这个项目将使用其中的一部分模块。

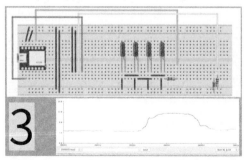

XIAO 从 ECG 传感器接收心率信息，转换成电信号输出到 LED 引脚，XIAO 上的 LED 随心率闪烁，Arduino IDE 串口绘图仪会显示心率信息的图形化信息。

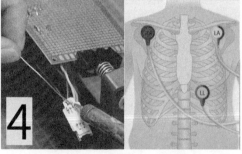

使用穿孔板放置元件并进行焊接。首先放置电阻器和 XIAO 的母针，然后焊接 ECG 传感器，最后将穿孔板切割成所需尺寸。

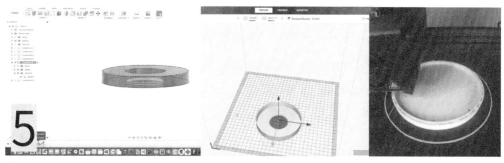

使用 Fusion 360 设计 LED 外壳、主外壳和胸部部分的结构，用 Creality Slicer 切片软件将 3D 模型切片为 gcode 代码发送到 3D 打印机以获得结构件。

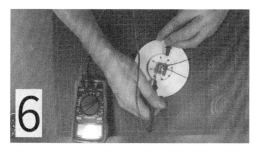

连接 LED 时使用一块穿孔板连接所有阴极并放置地线连接器。所有连接完成后，必须检查 VCC 是否与地线隔离并进行测试。

并不是所有事情都能按预期进行。在检查连接时，夹具施加了过多的力，导致穿孔板断裂。只能重新制作。

连接电池并隔离所有电路以避免短路。通常这里会使用热缩套管，如果没有合适尺寸的热缩套管，也可以用热熔胶。

将所有部件置入 3D 打印结构件上并进行测试，用超级胶水连接部件。固定在胸部的部分粘贴了弹性带。最后，替换 LED 并移除电阻以获得更明显的光效。

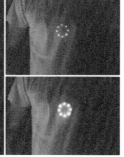

最终的效果。

multi —— 基于 XIAO 的多功能 MIDI 控制器 / 声音生成器

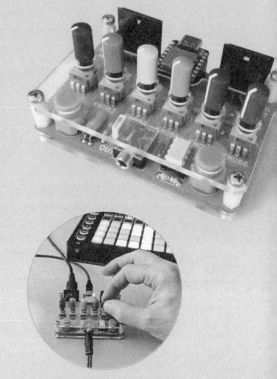

作者：Pangrus 的电声实验室

multi 是一款多功能 MIDI 控制器，如图 19-15 所示，主要用于音频合成，具有很小的尺寸。与最新一代的商业控制器相比，它具有一个 USB 接口和两个 DIN 接口。multi 完全可编程。此外，它还可以作为声音生成器使用，因为它配备了一个 10 位数模转换器，非常适合探索数字合成技术。multi 内部搭载了强悍的 XIAO，拥有 6 个旋钮、2 个按键、2 个 Midi DIN 接口和一个 0.125 英寸音频接口。MIDI 输入具有光耦隔离功能，以避免接地回路，符合官方规范。

读者可以在 Bing 搜索 "multi - MIDI controller/router, sound generator" 了解更多。

图 19-15 multi

XIAO RP2040 制作的 Eurorack VCO 合成器模块（如图 19-16 所示）

作者：HAGIWO/ ハギヲ

来自日本的 HAGIWO/ ハギヲ 在本项目使用 XIAO RP2040 制作了 Eurorack VCO（压控振荡器）合成器模块。XIAO RP2040 是一款搭载了树莓派 RP2040 微控制器的小型开发板，具有 4 个模数转换器，比树莓派 Pico 2040 开发板更方便使用。这款 VCO 模块具有 FOLD、FM 和 AM 3 种模式，并内置 8 种波形，而且成本只需 60 元左右。

读者可以在 Bing 搜索 "$9 Rasberry pi VCO with Seeed XIAO RP2040 Eurorack Modular Synthesizer" 了解更多。

图 19-16 XIAO RP2040 制作的
Eurorack VCO 合成器模块

XIAO CV 合成器

作者：analogsketchbook

本项目使用 XIAO 微控制器和少量零件制作了一款相当不错的 CV 合成器，主要用于模块化合成器系统。XIAO 在这个项目中的作用是通过其模拟输出引脚输出控制电压（CV）信号，用于在模块之间传递音符信息。此外，XIAO 还负责控制项目中的其他功能，如调节速度、切换模式和选择序列等。XIAO CV 合成器如图 19-17 ～图 19-19 所示，电路连接如图 19-20、图 19-21 所示。

读者可以在 Instructables 搜索 "Xiao CV Sequencer" 了解更多。

图 19-17 XIAO CV 合成器接口面板效果

图 19-18 XIAO CV 合成器机架安装效果

图 19-19 XIAO CV 合成器安装效果

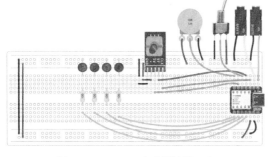

图 19-20 XIAO CV 合成器接线示意

图 19-21 XIAO CV 合成器原型接线

ANAVI Macro Pad 10 与旋钮

作者：Crowd Supply 公司

Crowd Supply 公司设计制造了 3 款小巧可编程的、带有可按下的旋转编码器的开源机械输入设备：ANAVI Knob 1、ANAVI Knob 3 和 ANAVI Macro Pad 10 键盘（如图 19-22、图 19-23 所示）。它们都由 Seeed XIAO RP2040 内的强大树莓派 RP2040 微控制器驱动，支持 USB Type-C 连接，运行基于 CircuitPython 的 KMK 固件。

这些输入设备可根据需求定制，适用于视频或音频编辑、娱乐广播、游戏、编程等场景，提供精确控制和实用的灯光效果。使用简单，只需通过 USB Type-C 连接至 Windows、macOS 或 GNU/Linux 计算机即可。3 款设备均采用开源项目，可通过 KMK 固件进行键盘宏和快捷键设置。这些设备都以开源硬件为基础，方案和原理图可在 GitHub 上找到。在项目中，Seeed XIAO RP2040 发挥了核心控制器的作用，使得设备具备强大功能。

读者可以在 Bing 搜索"anavi-macro-pad-10 Crowd Supply"了解更多。

图 19-22 ANAVI Knob 1 (左)、ANAVI Knob 3 (中)、ANAVI Macro Pad 10 (右)

图 19-23 ANAVI Knob 3

智能桌灯

作者：田纯纯

这款智能桌灯的灵感来源于《死亡搁浅》游戏中的 Odradek 设备。它由 5 个独立发光的灯片组合而成，每个灯片具有 3 个自由度，可随时调整所需角度。内置 XIAO nRF52840 Sense 开发板和 WS2812 幻彩灯带，用户可通过手机 App 控制它显示不同颜色和亮度（如图 19-24 所示）。

整个灯具的主体采用 3D 打印制作，使用 PLA 材料。电路连接如图 19-25 所示，XIAO nRF52840 Sense 在项目中发挥了核心控制器的作用，实现了灯光的多样化控制。

读者可以在 Hackster 官网搜索 "Death Stranding Desk Lamp" 了解更多。

图 19-24 可通过手机变换颜色的智能桌灯

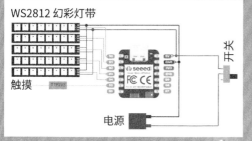

图 19-25 智能桌灯接线示意

图 19-26 DISCIPLINE 锻炼计时器

DISCIPLINE ——自制锻炼计时器

作者：Rui Wang

DISCIPLINE 是一个自制锻炼计时器（如图 19-26 所示），帮助用户在肌肉训练中严格控制间隔休息时间。项目采用 Seeed Studio XIAO 开发板，搭配两个按钮、一个显示屏、一个电池等组件（如图 19-27 所示），实现简洁的用户界面与便携的设计。XIAO 在项目中负责计时器的核心控制功能，为用户提供准确的计时服务。

在这个项目中，作者展示了其专业、细致和优雅的产品与交互设计能力。

读者可以在 Hackster 官网搜索"DISCIPLINE-A workout timer"了解更多。

设计目标：

- 小巧、便携、紧凑；
- 具备完整的计时器功能；
- 简洁的用户界面；
- 清晰的交互流程；
- 酷炫的外观。

交互： 设计最简单的交互（如图 19-28 所示），尽量减少操作步骤。

图 19-27 使用的组件

图 19-28 设置时间的交互流程

黄、蓝按钮灯交互说明： 如图 19-29 所示，为了让 DISCIPLINE 提供一个良好的指示，我为 LED 做了几件事（Y 代表黄色，B 代表蓝色）。

- 当开机时：Y→渐变；B→开启，表示要选择一个时间段。
- 按 Y 键切换计时选项：30s、60s、90s、120s。
- 按 B 确认你的选择，计时器开始倒计时。Y→关闭；B→关闭。
- 计时器结束计数，B→开启；Y→永远关闭。

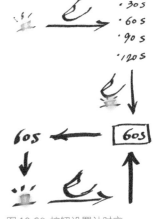

图 19-29 按钮设置计时交互状态示意图

两根手指操作： 如图 19-30 所示，这种设计让用户可以轻松地用一只手握住它，只用两根手指进行操作。

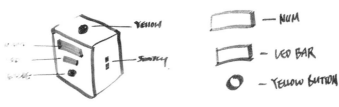

图 19-30 按钮位置与指示灯状态示意图

黄按钮

蓝按钮

磁吸固定： 经过痛点分析，我想通过磁铁将产品吸附在更容易实现交互和操作的地方，如图 19-31 所示。

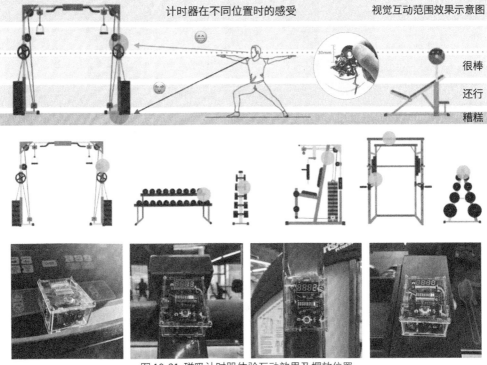

图 19-31 磁吸计时器体验互动效果及摆放位置

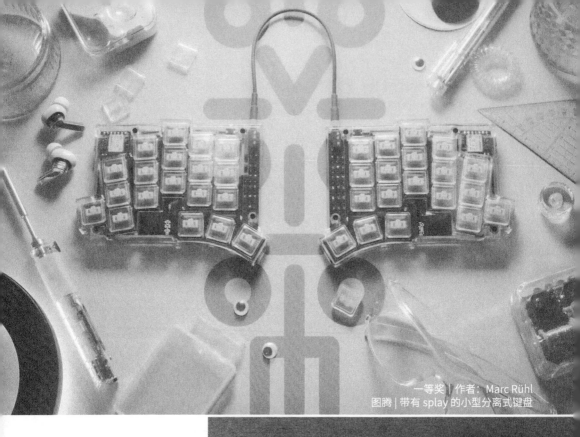

Fusion XIAO 机器键盘大赛作品集锦

XIAO 的小巧尺寸与其强悍的性能，在 DIY 键盘与控制器玩家中得到认可，为此矽递科技在 2022 年 7 月至 10 月，组织了一次 Fusion XIAO 机器键盘大赛，收到了大量优秀作品，下面展示此次比赛的一些获奖项目（如图 19-32 所示），以帮助对 DIY 键盘有兴趣的读者。

读者可以在 Bing 中搜索"seeed-fusion-diy-xiao-mechanical-keyboard-contest"了解更多。

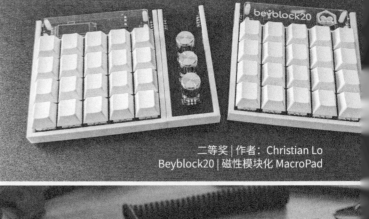

图 19-32 Fusion XIAO 机器键盘大赛优秀作品

三等奖 | 作者：Shashank
克莱恩 | 无线人体工学键盘

三等奖 | 作者：policium
GRIN Quern | 带中央旋钮的人体工学键盘

三等奖 | 作者：Yu Sanagi
Kidoairaku 燕尾蝶 | 一个可爱的蝴蝶形键盘

图 19-32 Fusion XIAO 机器键盘大赛优秀作品（续）